"自行车图标"效果图

"购物节海报"效果图

"双11狂欢购物节海报"效果图

"梦幻女孩插画"效果图

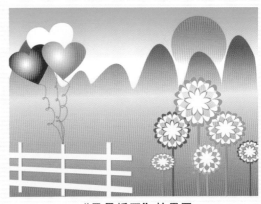

"风景插画"效果图

"圣诞贺卡"效果图

"友情卡"效果图

"老牛剪纸画"效果图

"化妆品广告"效果图

"古钱币"效果图

"飞鸟造型"效果图

"三笑脸LOGO图标"效果图

"巧克力包装盒展开图"效果图

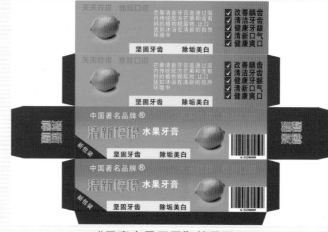

"牙膏盒展开图"效果图

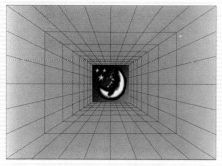

"立体空间效果"效果图

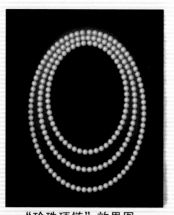

"珍珠项链"效果图

手提袋立体效果图

"杂志内页"效果图

"电视海报"效果图

"影视宣传广告"效果图

"风景邮票"效果图

"广告单"效果图

"房地产广告"效果图

"超市DM单"效果图

"美牙中心DM单"效果图

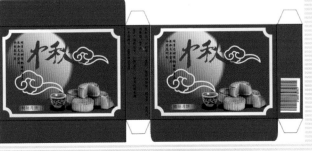

月饼包装盒平面图

英伦小车户外广告效果图

本书部分案例欣赏

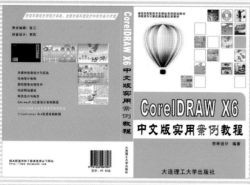

教材护封设计效果图

标志效果图

音乐社招新海报

移动公司宣传画册

休闲广场宣传画册

淘宝服务卡

书脊护封设计

房地产户外广告效果图

投资公司VIP会员卡

商场POP广告

"十四五"职业教育国家规划教材

CorelDRAW
项目实践教程

新世纪高职高专教材编审委员会 组编 （第四版）

主 编 李向东

副主编 吴辉煌 黄菲菲 陈群英 陈利文 张 真

微课版

CorelDRAW X8 版

· 高清视频讲解，上手更快

· 插图双色标记，重点突出

· 配套资源丰富，操作便捷

大连理工大学出版社

图书在版编目(CIP)数据

CorelDRAW 项目实践教程 / 李向东主编. -- 4 版. --
大连：大连理工大学出版社，2022.1(2023.11 重印)
新世纪高职高专数字媒体技术专业系列规划教材
ISBN 978-7-5685-3595-3

Ⅰ．①C… Ⅱ．①李… Ⅲ．①图形软件－高等职业教
育－教材 Ⅳ．①TP391.412

中国版本图书馆 CIP 数据核字(2022)第 021376 号

大连理工大学出版社出版
地址：大连市软件园路 80 号　邮政编码：116023
发行：0411-84708842　邮购：0411-84708943　传真：0411-84701466
E-mail：dutp@dutp.cn　　　URL：https://www.dutp.cn
大连永盛印业有限公司印刷　　　　大连理工大学出版社发行

幅面尺寸：185mm×260mm 印张：14.5 插页：2 字数：371 千字
2010 年 1 月第 1 版　　　　　　　　　2022 年 1 月第 4 版
2023 年 11 月第 5 次印刷

责任编辑：李　红　　　　　　　　责任校对：马　双
封面设计：张　莹

ISBN 978-7-5685-3595-3　　　　　　定　价：49.80 元

前言

Preface

《CorelDRAW项目实践教程》（第四版）是"十四五"职业教育国家规划教材、"十三五"职业教育国家规划教材、"十二五"职业教育国家规划教材、高职高专计算机教指委优秀教材，也是新世纪高职高专教材编审委员会组编的数字媒体技术专业系列规划教材之一。

习近平总书记在党的二十大报告中指出"科技是第一生产力、人才是第一资源、创新是第一动力"。大国工匠和高技能人才作为人才强国战略的重要组成部分，在现代化国家建设中起着重要的作用。高等职业教育肩负着培养大国工匠和高技能人才的使命，近几年得到了迅速发展和普及。本教材围绕社会对高技能人才需求，通过项目化教学提升学生应用矢量绘图软件设计应用的综合能力，使学生成为德智体美劳全面发展的高素质技术技能型人才。

CorelDRAW是一款优秀的平面设计软件，具有强大的矢量绘画功能、位图处理功能和排版功能，在VI设计、平面广告设计、装修平面图后期处理和网页制作等方面都有非常广泛的应用。CorelDRAW与Photoshop、Illustrator等软件一起成为平面设计师、插画设计师、印前制作人员、工业产品设计师的利器。

随着社会的发展，传统的教育模式培养出来的学生已经难以满足就业的需要，教学形式和内容的改革迫在眉睫，从传统的偏重知识的传授转向注重就业能力的培养，并让学生有兴趣学习，轻松学习，已成为多数高职院校和用人单位的共识。为此，编者走访了众多高职院校，与一线教师共同探讨当前教育面临的问题和机遇，并聘请教学经验丰富、行业背景深厚的高职院校一线"双师型"教师和知名企业专家共同参与本教材的改编。

改编后的教材融"理论知识、实践技能、行业经验"于一体,教材内容注重和职业岗位相结合,以企业典型任务为载体,以工作过程为导向,打破传统的章节型编写模式,全书共分十个教学模块和一个综合实训模块,每个教学模块以完成任务为主线进行讲解。每个任务都采用"任务目标"→"任务说明"→"完成过程"→"相关知识"→"拓展训练"结构,充分体现"在做中学,在学中做"的新型教学模式,在边做边学中完成任务,掌握CorelDRAW X8 的命令、功能和操作技巧。为了使学习者能将所学知识举一反三,融会贯通,在各教学模块最后还安排相应数量的拓展训练,学习者通过独立的操作实践来加深和巩固所掌握的软件知识和操作技巧。

本教材由厦门软件职业技术学院李向东任主编,负责改编过程中主要框架和大纲的编写,厦门软件职业技术学院一线"双师型"教师吴辉煌、黄菲菲、陈群英,逐梦计划(厦门)文化传媒有限公司设计专家陈利文,河南交通职业技术学院张真任副主编。具体编写分工如下:模块1、7由吴辉煌编写,模块2、8、11由李向东编写,模块3、4由陈群英编写,模块5由陈利文编写,模块6由黄菲菲编写,模块9、10由张真编写。吴昕融、李祐贤、石春江和叶宥蓁负责本教材的图片处理、资料收集和视频后期处理工作。为方便读者线下学习,本教材提供了教材中所有任务的微课视频,用户通过扫描二维码即观看学习,并提供基本素材、效果文件和PPT等资料。

在编写本教材的过程中,编者参考、引用和改编了国内外出版物中的相关资料以及网络资源,在此表示深深的谢意!相关著作权人看到本教材后,请与出版社联系,我社将按照相关法律的规定支付稿酬。

本教材适合作为高职院校数字媒体、艺术设计及相关专业的课程教材,也可作为从事广告设计、包装设计、视觉传达、数字媒体艺术、动画设计等行业人员的自学参考书以及各类CorelDRAW培训班的培训教材。

由于编者水平有限,书中难免会有疏漏和不足之处,敬请大家批评指正。

编　者
2022 年 1 月

所有意见和建议请发往:dutpgz@163.com
欢迎访问职教数字化服务平台:https://www.dutp.cn/sve/
联系电话:0411-84707492　84706104

Contents

目 录

| 模块1 | CorelDRAW X8 入门 | 1 |

任务1-1 初识 CorelDRAW X8	1. CorelDRAW X8 的启动	2
	2. CorelDRAW X8 窗口的组成	~
	3. 工具栏的显示和隐藏的方法	
	4. 标准工具栏的浮动和改变大小的方法	8

任务1-2 绘制"自行车"图标	1. 新建文件	9
——文件操作	2. 导入文件	~
	3. 保存文件	13

任务1-3 设计购物节海报	1. 同时打开多个图形窗口的方法	14
——视图调整	2. 多个图形窗口以垂直平铺方式排列	~
	3. 复制对象到当前新建文档窗口的方法	16

任务1-4 设计双11狂欢购物节海报	1. 插入新的页面	17
——页面设置与对象选取		~
	2. 将打开的多个页面对象复制到新的页面	20

| 拓展训练 | | 20~22 |

| 模块2 | 绘制几何图形 | 23 |

任务2-1 设计梦幻女孩插画	1. 椭圆形工具的使用方法	23
——基本几何图形的绘制		~
	2. 星形工具的使用方法	27

任务2-2 设计风景插画   1. 椭圆形工具的使用方法   28
　　　　——其他几何图形绘制工具   2. 星形工具的使用方法   ~
　　　　 31

拓展训练   32~33

模块3   绘制线条和不规则图形   34

　　　　 1. 手绘工具的使用方法   35
任务3-1 绘制圣诞贺卡   2. 贝塞尔工具的使用方法   ~
　　　　 3. 艺术笔工具的使用方法   38

　　　　 1. 钢笔工具的使用方法   38
任务3-2 绘制友情卡   2. 拆线工具的使用方法   ~
　　　　 3. 3点曲线工具的使用方法   44

拓展训练   44~45

模块4   编辑路径与修整对象   46

　　　　 1. 贝塞尔工具的使用方法   47
任务4-1 绘制老牛剪纸画   2. 形状工具的使用方法   ~
　　　　——路径编辑与修饰   3. 节点和路径的属性   50

　　　　 1. 形状工具的使用方法   50
任务4-2 绘制三笑脸LOGO图形   2. 智能绘图工具的使用方法   ~
　　　　——修整对象   3. 对象修整的方法   55

拓展训练   55~57

模块5 轮廓与填充   58

任务5-1 设计飞鸟造型   1. 轮廓笔工具的使用方法   59
                                    2. 贝塞尔工具的使用方法   ~
                                                                              60

任务5-2 制作古钱币效果图   1. 线性渐变填充的使用方法   61
                                    2. 椭圆形渐变填充的使用方法   ~
                                    3. 圆锥形渐变填充的使用方法
                                    4. 矩形渐变填充的使用方法   65

拓展训练   65~66

模块6 对象编辑和辅助工具的使用   67

任务6-1 设计巧克力包装盒展开图   1. 辅助工具的使用方法   68
        ——变换对象   2. 变换工具的使用方法   ~
                                                                              74

任务6-2 设计牙膏盒展开图   1. 辅助工具的使用方法   74
        ——编辑对象和使用辅助工具   2. 变换工具的使用方法   ~
                                                                              82

拓展训练   82~84

模块7 应用文本   85

任务7-1 设计化妆品广告   1. 美术文本的输入方法与编辑   86
        ——文本的输入与编辑   2. 段落文本的输入方法与编辑   ~
                                                                              89

任务7-2 编排杂志内页	1. 用菜单命令导入文本的方法	89
	2. 导入图形并设置文字沿图形环绕的方法	~
——文字的输入和设置	3. 文字沿路径排列的方法	
	4. 首字下沉的设置方法	95

任务7-3 设计个人简历	1. 使用表格工具绘制表格和设置属性的方法	95
	2. 使用文本工具在表格中输入文字和	~
——绘制表格	居中设置的方法	99

| 拓展训练 | | 99~100 |

模块8　应用交互式与特殊效果　101

任务8-1 绘制珍珠项链	1. 交互式填充工具的使用方法	102
	2. 交互式调和工具的使用方法	~
——交互式工具应用之一	3. 交互式调和工具的路径设置方法	
	4. 交互式阴影工具的使用方法	105

任务8-2 设计立体空间效果	1. 添加透视的方法	105
	2. 位图颜色遮罩的使用方法	~
——交互式工具应用之二	3. 交互式调和工具的路径设置方法	
	4. 交互式透明工具的使用方法	110

任务8-3 绘制手提袋立体效果图	1. 渐变填充方式的使用方法	110
	2. 交互式调和工具的使用方法	~
——图框精确裁剪	3. 图框精确裁剪的设置方法	113

| 拓展训练 | | 113~116 |

模块9 位图的导入和编辑 117

任务9-1 设计房地产广告	1. 导入和调整位图的方法	117
	2. 位图交互式效果的设置方法	~
	3. 图框精确裁剪的设置方法	121

任务9-2 设计影视宣传广告	1. 位图的导入设置	122
	2. 编辑位图效果	~
	3. 交互式工具的使用方法	128

任务9-3 设计电视海报	1. 位图的导入设置	128
	2. 编辑位图效果	~
	3. 交互式工具的使用方法	131

拓展训练 131~133

模块10 滤镜应用和文件输出 134

任务10-1 设计风景邮票	1. 交互式调和工具的使用方法	134
		~
	2. 增加杂点工具的使用方法	142

任务10-2 制作电影海报	1. "缩放"滤镜的使用方法	142
	2. "虚光"滤镜的使用方法	~
	3. "钢笔画"滤镜的使用方法	149

| 任务10-3 将文件发布为PDF格式 | 将图形另存为PDF格式并进行相关设置的方法 | 149~152 |

任务10-4 制作"拼接打印大幅面样张"　　1. 交互式调和工具的使用方法　　152
　　　　　　　　　　　　　　　　　　　2. 增加杂点工具的使用方法　　　　~
　　　　　　　　　　　　　　　　　　　　　　　　　　　　　　　　　158

拓展训练　　　　　　　　　　　　　　　　　　　　　　　　　　158~159

模块11　综合项目实训　　　　　　　　　　　　　　　　　　　160

项目11-1　DM 单设计　　　　　　　　　　　　　　　　　　161~171
项目11-2　书籍装帧设计　　　　　　　　　　　　　　　　　171~178
项目11-3　VI 设计　　　　　　　　　　　　　　　　　　　178~186
项目11-4　包装设计　　　　　　　　　　　　　　　　　　　186~194
项目11-5　户外广告设计　　　　　　　　　　　　　　　　　194~200
项目11-6　画册设计　　　　　　　　　　　　　　　　　　　200~209
项目11-7　卡片设计　　　　　　　　　　　　　　　　　　　209~214
项目11-8　海报设计　　　　　　　　　　　　　　　　　　　214~219

参考文献　　　　　　　　　　　　　　　　　　　　　　　　　220

本书数字资源列表

序号	名称	页码
1	初识 CorelDRAW X8	2
2	绘制"自行车"图标	9
3	设计购物节海报	14
4	设计"双 11"狂欢购物节海报	17
5	设计梦幻女孩插画	24
6	设计风景插画	28
7	绘制圣诞贺卡	35
8	绘制友情卡	38
9	绘制老牛剪纸画	47
10	绘制三笑脸 LOGO 图标	51
11	设计飞鸟造型	59
12	制作古钱币效果图	61
13	设计巧克力包装盒	68
14	设计牙膏盒展开图	75
15	设计化妆品广告	86
16	编排杂志内页	90
17	设计个人简历	95
18	绘制珍珠项链	102
19	设计立体空间效果	105
20	绘制手提袋立体效果图	111
21	设计房地产广告	118
22	设计影视宣传广告	122

序号	名称	页码
23	设计电视海报	129
24	设计风景邮票	135
25	制作电影海报	143
26	将文件发布为 PDF 格式	150
27	制作"拼接打印大幅面样张"	152
28	美牙中心 DM 单设计	162
29	超市 DM 单设计	166
30	"古卷轴"书籍护封设计	172
31	"CorelDRAW X6 实用案例教程"教材护封设计	175
32	标志设计	179
33	名片设计	180
34	信封设计	181
35	便笺(大、小)设计	183
36	绘制包装平面展开图	187
37	绘制包装立体图	192
38	地产类户外广告	195
39	车类户外广告	198
40	移动公司宣传画册设计	202
41	7878 美食休闲广场宣传画册设计	204
42	淘宝服务卡设计	210
43	VIP 会员卡	212
44	商场海报设计	216
45	音乐社招新海报设计	218

模块1　CorelDRAW X8 入门

职业素养

"万丈高楼平地起"，熟悉矢量软件 CorelDRAW 的安装和启动过程，界面的一些基础操作，是打开 CorelDRAW 强大功能的第一把钥匙。本模块的学习，可以让学生知道学习系统知识都要从基础学起，培养学生稳打稳扎的优良作风。

教学目标

通过"初识 CorelDRAW X8"、"绘制'自行车'图标"、"设计购物节海报"和"设计双 11 狂欢购物节海报"四个任务的学习，熟悉 CorelDRAW X8 软件的启动过程、工作界面、文件基本操作、视图调整、页面设置和对象选取等操作。

教学要求

知识要点	能力要求	关联知识
新建文件	掌握	通过模板、菜单、按钮和快捷键新建文件，并进行相关设置
保存文件	掌握	通过菜单、按钮和快捷键保存文件、另存文件和将文件导出为各种格式
排列窗口方式	掌握	可通过选择"层叠""水平平铺""垂直平铺"命令，来改变图像窗口的显示状态
视图调整	掌握	六种视图显示模式：简单线框、线框、草稿、正常、增强和像素模式
页面设置	掌握	可以根据需要在文档中切换、插入、删除或重命名页面

任务 1-1 初识 CorelDRAW X8

CorelDRAW X8 主要有以下功能：

（1）绘制与处理矢量图：CorelDRAW X8 可以很方便地利用图形工具直接绘制出各种图形，还可以对绘制的对象进行各种排列组合、焊接、修剪、镜像等操作。通过 CorelDRAW X8 矢量图特效的处理，能为设计带来更加意想不到的效果。

微课

初识 CorelDRAW X8

（2）位图处理：CorelDRAW 处理位图的功能也十分强大。它不但可以直接处理位图，还可以把矢量图转换成位图，或把位图转换成矢量图。利用 CorelDRAW X8 中的位图滤镜选项，可以把位图处理成各种效果，方便了设计师的制作。

（3）灵活多变的文字处理：CorelDRAW 虽然是一个处理矢量图形的软件，但其处理文字的功能也很强大，可以制作出非常复杂的文字效果。

（4）网络功能：CorelDRAW 具有网络功能，可以将段落文本转换成网络文本，在文档中插入因特网对象，创建超级链接等。

（5）强大的排版功能：与 Photoshop 相比，CorelDRAW 的另一特点是它具有强大的排版功能，用户可利用该软件设计出丰富的版式。

（6）功能完备的组件：自 9.0 版本之后，CorelDRAW 又添加了 PHOTO-PAINT、CAPTURE 等各种辅助软件，使整套软件更加完善。

任务目标

1.学会启动 CorelDRAW X8。
2.认识 CorelDRAW X8 窗口的组成。
3.掌握工具栏的显示和隐藏的方法。
4.掌握标准工具栏的浮动和改变大小的方法。

任务说明

本任务主要通过启动 CorelDRAW X8 窗口，认识窗口的组成和各种工具栏的调整方法。

完成过程

启动 Windows 7 操作系统下的 CorelDRAW X8 软件，了解一下它的工作界面由哪些元素组成。

Step 1 双击桌面上的 CorelDRAW X8(64-Bit)快捷方式，
如图 1-1 所示。

Step 2 启动 CorelDRAW X8 后，屏幕上会出现一个欢迎
窗口，上面显示了几个图标按钮，此时必须单击其中的一个按钮才
能开始工作，如图 1-2 所示。

图 1-1　CorelDRAW X8 快捷方式

Step 3 由于是第一次进入 CorelDRAW X8，因此，在欢迎窗口中单击"新建文档"按钮，
即可进入 CorelDRAW X8 的工作界面，并依据预设值创建一张空白的绘图页面。

图 1-2　CorelDRAW X8 欢迎窗口

Step 4 进入 CorelDRAW X8 之后，呈现在屏幕上的是一个基本的工作窗口，主要包含标
题栏、菜单栏、标准工具栏、属性栏、工具箱、状态栏、标尺、泊坞窗和调色板等内容，如图 1-3 所示。

下面就对这些栏目进行详细介绍。

标题栏：标题栏的默认位置在界面的最顶端，主要显示当前软件的名称、版本号以及编辑
或处理图形文件的名称，其最右侧有用来控制工作界面的三个按钮，包括大小切换及关闭。

菜单栏：菜单栏位于标题栏的下方，包括编辑、视窗以及窗口的设置和帮助等命令，每个菜
单下又有若干个子菜单，打开任意菜单就可以执行相应的操作命令。

标准工具栏：工具栏位于菜单栏下方，是菜单栏中常用的快捷工具按钮。单击这些按钮，
就可执行相应的菜单命令。

属性栏：属性栏位于工具栏下方，是一个上下相关的命令栏，选择不同的工具按钮或对象，
将显示不同的图标按钮和属性设置选项，具体内容详见各工具按钮的属性讲解。

工具箱：工具箱位于工作界面的最左侧，它是 CorelDRAW 常用工具的集合，包括各种绘
图工具、编辑工具、文字工具和效果工具等。单击任一按钮，可选择相应的工具进行操作。

CorelDRAW
项目实践教程

菜单栏
标准工具栏
属性栏

工具箱

标尺

状态栏

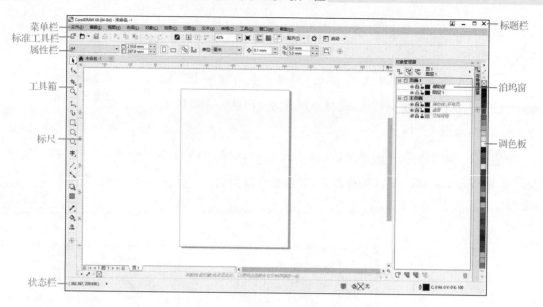

标题栏

泊坞窗

调色板

图 1-3　CorelDRAW X8 工作界面

　　状态栏：状态栏位于工作界面的最底部，提示当前鼠标所在的位置及图形操作的简要帮助和对象的有关信息等。在状态栏中单击鼠标右键，然后在弹出的右键菜单中执行"自定义"→"状态栏"→"位置"命令或"自定义"→"状态栏"→"大小"命令，可以设置状态栏的位置以及状态栏的信息显示行数。

　　标尺：默认状态下，在绘图窗口的上边和左边各有一条水平和垂直的标尺，其作用是在绘制图形时帮助用户准确地绘制或对齐对象。

　　泊坞窗：泊坞窗位于调色板的左侧，当用户选择一个工具时，在这个窗口中就会有相对应的提示，告诉用户一些工具的具体使用方法及小技巧。这个交互式提示系统，可缩短用户的设计时间，从而更加快捷地完成任务。

　　调色板：调色板位于泊坞窗的右侧，是给图形添加颜色的最快途径。单击调色板中的任意一种样色，可以将其添加到选择的图形上；在选择的颜色上右击，可以将此颜色添加到选择图形的边缘轮廓上。

　　CorelDRAW X8 的工作界面并不是一成不变的，根据实际需要，可以对其进行调整，例如：可将工具栏隐藏或改变工具栏的位置和大小等。

　　默认情况下，CorelDRAW X8 工作界面中只显示菜单栏、标准工具栏、属性栏、工具箱和状态栏等。用户可以根据需要显示或隐藏这些工具栏。

　　Step 5　执行菜单栏中的"窗口"→"工具栏"命令，在弹出的子菜单中选择要显示或隐藏的工具栏，如图 1-4 所示。

　　Step 6　单击要显示或隐藏的工具栏名称，例如，选择"缩放"命令，则窗口中将显示"缩放"工具栏，如图 1-5 所示。

图 1-4　显示或隐藏工具栏

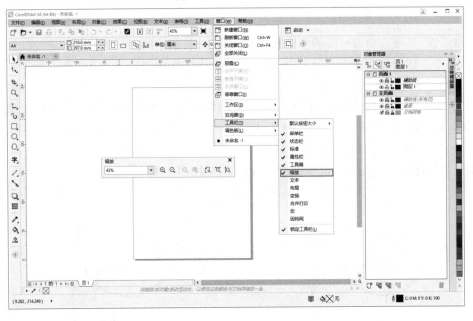

图 1-5　显示"缩放"工具栏

相关知识

1. 位图和矢量图

CorelDRAW 主要是制作矢量图的软件，但它的位图处理功能也是非常强大的，下面介绍什么是位图和矢量图。

位图图像，也称点阵图像或绘制图像，是由称作像素的单个点组成的。当放大位图时，可以看见构成图像的单个图片元素。扩大位图尺寸就是增大单个像素,会使线条和形状显得参差不齐。但是如果从稍远一点的位置观看,位图图像的颜色和形状又是连续的,这就是位图的特点。在处理位图时,输出图像的质量取决于开始设置的分辨率。分辨率是指一个图像文件中包含的细节和信息的多少,以及输入、输出或显示设备能够产生细节的程度。

编辑位图时,分辨率既会影响最后输出的质量也会影响文件的大小。处理位图需要三思而后行,因为图像的分辨率通常在整个过程中都伴随着文件。无论是在一个 300 dpi 的打印机还是在一个 2 570 dpi 的照排设备上印刷位图文件,总是以创建图像时所设置的分辨率大小输出,除非打印机的分辨率低于图像的分辨率。如果希望最终输出的效果看起来和屏幕上的一样,那么在开始工作前,就需要了解图像的分辨率和不同设备的分辨率之间的关系。如图 1-6 所示是一张位图图像,放大后,图像出现了失真,如图 1-7 所示。

图 1-6 位图(菊花)　　　　　　　　　　　图 1-7 放大后的菊花图像

矢量图像,也称为面向对象的图像或绘图图像,它是依据某个标准对图形进行分析而产生的结果,它不直接描述图像上的每一点,而是描述产生这些点的过程和方法。矢量文件中的图形元素称为对象,每个对象都是一个自成一体的实体,它具有颜色、形状、轮廓、大小和屏幕位置等属性。既然每个对象都是一个自成一体的实体,那么在维持它原有清晰度和弯曲度的同时,多次移动和改变它的属性,都不会影响图像中的其他对象。矢量图的绘制同分辨率无关。这意味着它们可按最高分辨率显示到输出设备上,而不会增加计算机的负担。如图 1-8 所示是一张矢量图像,放大后,图像没有出现失真现象,如图 1-9 所示。

图 1-8 矢量图(笑脸)　　　　　　　　　　图 1-9 放大后的笑脸图像

因此,对矢量图形进行线性变换并不会产生失真效果。但矢量图是以一组指令形式存在的,因此在显示过程中计算时间比较长。

2. CorelDRAW X8 常见的存储格式

在 CorelDRAW X8 中,完成对图像的编辑和修改后,需要将作品保存起来或导出,因此在存储时需要选择存储格式。下面简要介绍一下常见的文件存储格式。

(1)CDR 格式,这是 CorelDRAW 的专有格式,也就是说用 CDR 格式存储的文件只能在 CorelDRAW 中打开,而不能在其他程序中打开。

(2)GIF 格式,这种文件格式压缩比较大,占用磁盘空间小,支持位图模式、灰度模式和索引色彩模式的图像,这是近乎完美的图像格式。

(3)JPG 格式,压缩比可大可小,支持 CMYK、RGB 和灰度的色彩模式,但不支持 Alpha 通道。这种格式可以用不同的压缩比对图像文件进行压缩,技术是否先进对图像质量的影响不大,是占用较少的磁盘空间获得较好图像质量的格式。

(4)TIFF 格式,这是最常用的图像文件格式。它是 PSD 格式外唯一能存储多个通道、多个图层的文件格式。

(5)BMP 格式,这种格式文件几乎不压缩,占用磁盘空间较大,存储格式可以为 1 bit、4 bit、8 bit、24 bit,支持 RGB、索引、灰度和位图色彩模式,但不支持 Alpha 通道。这是 Windows 环境下最不容易出问题的格式。

(6)PSD 格式,它是唯一支持 Photoshop 全部图像色彩模式的文件格式,还支持网络、通道、图层等其他所有功能。它是具有图层功能的 Photoshop 专用格式,修改非常方便。

3. CorelDRAW X8 常见的色彩模式

(1)RGB 色彩模式

RGB 色彩模式也称为光源色模式,原因是 RGB 能够产生和太阳光一样的颜色。在使用 CorelDRAW 做设计的时候,RGB 模式使用得也比较广泛。RGB 的含义为:R(红色)、G(绿色)、B(蓝色)。通过红、绿、蓝三种颜色的混合,能够生成自然界里的任何一种颜色。一般 RGB 色彩模式只用于屏幕显示,不用在印刷上。

RGB 色彩模式是通过红、绿、蓝三种颜色的叠加产生的,增加每种颜色的光强度会产生不同的颜色,所以 RGB 模式又称为加色模式。

(2)CMYK 色彩模式

CMYK 色彩模式的颜色也被称作印刷色。原因是 CMYK 色彩模式大多用在印刷上。CMYK 的含义为:C(青色)、M(洋红)、Y(黄色)、K(黑色)。这四种颜色都是以百分比的形式进行描述的,每一种颜色所占的百分比可以从 $0\%\sim100\%$,百分比越高,颜色越暗。

CMYK 色彩模式是大多数打印机用作打印全色或者四色文档的一种方法,CorelDRAW 和其他应用程序把四色分解成模板,每种模板对应一种颜色。然后打印机按比例一层叠一层地打印全部色彩,最终得到想要的色彩。

CMYK 色彩模式是通过反射某些颜色的光并吸收另外颜色的光而生成不同的颜色,因此也被称为减色模式。

通常,CMYK 色彩模式用于生成印刷机、色彩打印校正机、热升华打印机、全色海报打印机或专门打印机的文档。CorelDRAW 中所用的调色板色彩就是用 CMYK 值来定义的。

(3)HSB 色彩模式

从物理学上讲,一般颜色需要具有色度、饱和度和亮度这三个要素。色度(Hue)表示颜色的面貌特质,是区别颜色种类的必要名称,如黄色、橙色和红色;饱和度(Saturation)表示颜色纯度的高低,表明一种颜色中含有白色或黑色成分的多少;亮度(Brightness)表示颜色的明暗强度关系,HSB 色彩模式便是基于此种物理关系所定制的色彩标准。

在 HSB 色彩模式中,如果饱和度为 0,那么所表现出的颜色将会是灰色;如果亮度为 0,那么所表现出的颜色是黑色。

(4) HLS 色彩模式

HLS 色彩模式是 HSB 色彩模式的扩展,它是由色度(Hue)、光度(Lightness)和饱和度

(Saturation)这三个要素组成的。色度决定颜色的面貌特质;光度决定颜色光线的强弱度;饱和度表示颜色纯度的高低。在 HLS 色彩模式中,色度可以设置的色彩范围数值为 0～360;光度可设置的强度范围数值为 0～100;饱和度可设置的范围数值为 0～100。如果光度数值为 100,那么所表现出的颜色将会是白色;如果光度数值为 0,那么所表现出的颜色将会是黑色。

(5)Lab 色彩模式

Lab 色彩模式常被用于图像或图形的不同色彩模式之间的转换,通过它可以将各种色彩模式在不同系统或平台之间进行转换,因为该色彩模式是独立于设备的色彩模式。L(Lightness)代表光亮度强弱,它的数值范围为 0～100;a 代表从绿色到红色的光谱变化,数值范围为 -128～127;b 代表从蓝色到黄色的光谱变化,数值范围为 -128～127。

(6)灰度模式

灰度模式一般只用于灰度和黑白色中。灰度模式中只存在灰度。也就是说,在灰度模式中只有亮度是唯一能够影响灰度图像的因素。灰度模式中,每一个像素用 8 位的数据表示,因此具有 256 个亮度级,能表示出 256 种不同浓度的色调。当灰度值为 0 时,生成的颜色是黑色;当灰度值为 255 时,生成的颜色是白色。

4. 如何在 CorelDRAW X8 中获取帮助

CorelDRAW X8 的"帮助"菜单提供了对 CorelDRAW X8 软件功能和使用方法的详细介绍,可以帮助用户更好地学习该软件功能,并帮助用户系统地解决操作中遇到的问题。

(1)帮助主题

执行菜单栏中的"帮助"→"帮助主题"命令,开启"CorelDRAW 帮助"窗口。

单击窗口左侧的"目录"标签,可显示帮助主题中列出的目录。单击目录左侧的三角按钮,可以展开该目录的下一级目录内容。单击需要帮助的内容,在窗口右边会显示对该内容的具体知识讲解以及重点的操作说明。

单击"搜索"标签,切换至"搜索"标签选项,输入需要查找的关键字或词组,然后单击"列出主题"按钮,即可在"选择主题"下拉列表框中显示相关的主题内容。选中需要帮助的主题内容后,单击"显示"按钮,即可在窗口的右边区域中显示对该主题的具体知识讲解以及重点的操作说明。

(2)视频教程

视频教程提供了一系列基于项目的教程,介绍了 CorelDRAW X8 的基本功能和高级功能。

执行菜单栏中的"帮助"→"视频教程"命令,通过该页面对 CorelDRAW X8 的基本功能和高级功能的介绍就可以了解如何使用 CorelDRAW X8 应用程序。

(3)提示

执行菜单栏中的"帮助"→"提示"命令,在打开的"提示"泊坞窗中提供了有关程序内部的工具箱中各种工具的使用信息。默认状态下,"提示"泊坞窗处于开启状态。

在工具箱中选择一个工具后,在"提示"泊坞窗中将显示如何使用选定工具的操作提示。

(4)专家见解

执行菜单栏中的"帮助"→"专家见解"命令,可以打开 CorelDRAW 专家们撰写的关于在日常工作中使用 CorelDRAW Graphics Suite X8 的一系列文章。文章中剖析了作者在 CorelDRAW Graphics Suite X8 中创作的设计作品。

任务 1-2　绘制"自行车"图标——文件操作

在进入 CorelDRAW X8 后,要展开工作,必须首先建立新文件或打开已存文件。CorelDRAW X8 提供了几种新建文件、打开文件和导入文件的方法:

(1)利用欢迎窗口:启动 CorelDRAW X8 时,在显示的欢迎窗口中单击"新建文档"按钮,可建立一个新文件;或单击"从模板新建"按钮新建文件。

(2)利用菜单命令:通过执行菜单栏中的"文件"→"新建"命令(或按 Ctrl+N 快捷键)新建文件;执行菜单栏中的"文件"→"从模板新建"或"打开"(快捷键 Ctrl+O) 命令打开文件;执行菜单栏中的"文件"→"导入"(快捷键 Ctrl+I)命令导入文件。

(3)利用命令按钮:通过单击"标准工具栏"中的"新建"按钮 和"打开"按钮 ,来新建和打开文件。

在 CorelDRAW X8 中,可以使用不同的方式、不同的格式来保存绘图或绘图中选定的对象。保存完文件后,可以关闭该文件,继续下一个作品的设计绘制,或退出 CorelDRAW X8 系统。

任务目标

1. 学会新建文件。
2. 学会如何导入文件。
3. 学会如何保存文件。

任务说明

本任务主要通过新建文件、简单地绘制图形和导入图片完成"自行车"图标的绘制,效果如图 1-10 所示。

图 1-10　"自行车"图标效果　　　　　　　绘制"自行车"图标

完成过程

Step 1　执行菜单栏中的"文件"→"新建"命令或按 Ctrl+N 快捷键,建立一个新的文件。

Step 2 选择工具箱中的"椭圆形工具" ○ ,将光标移动到绘图页面,按住 Ctrl 键的同时拖曳鼠标绘制圆形,如图 1-11 所示。

Step 3 使用工具箱中"选择工具" ▶ 选中上步绘制的圆形,按 F11 键,在弹出的"编辑填充"对话框中选择类型为"线性",旋转(角度)为"—90.0°",为其设置从浅紫色(CMYK:19,38,1,0)到紫色(CMYK:40,95,0,0)到蓝紫色(CMYK:40,54,0,0)的线性渐变填充,填充后的效果如图 1-12 所示。

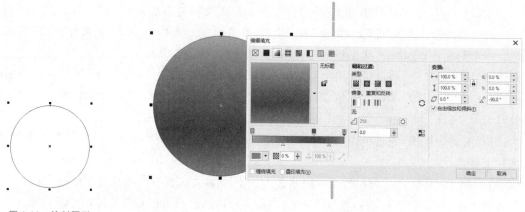

图 1-11　绘制圆形　　　　　　　　　　　图 1-12　设置渐变填充

Step 4 确认设置渐变填充的圆为选择状态,然后将鼠标移动到绘图页面中右侧的调色板上,右击"无"图标 ⊠ ,设置无轮廓,如图 1-13 所示。

Step 5 使用工具箱中的"椭圆形工具" ○ ,在上面绘制的圆形之上同时按下 Ctrl 键和 Shift 键并拖曳鼠标从中心绘制一个稍小一点的圆形,然后将鼠标移动到绘图页面中右侧的"默认 CMYK 调色板"上,鼠标右击白色色块,为其设置白色轮廓,如图 1-14 所示。

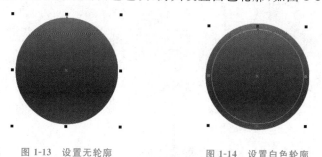

图 1-13　设置无轮廓　　　　　　　　　　图 1-14　设置白色轮廓

Step 6 确认白色轮廓的圆为选中状态,在"属性栏"上轮廓宽度数值框中设置 4.0 mm。

Step 7 执行菜单栏中的"文件"→"导入"命令(或按 Ctrl+I 快捷键),导入一矢量图(自行车.cdr),在上面绘制的图形上拖曳鼠标,如图 1-15 所示。

Step 8 松开鼠标左键即可导入一自行车图案,适当调整位置、大小,最终效果如图 1-10 所示。

Step 9 执行菜单栏中的"文件"→"保存"命令(或按 Ctrl+S 快捷键),打开"保存绘图"对话框,设置保存目录、文件

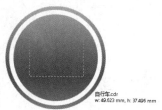

图 1-15　设置轮廓并导入矢量图

名、文件类型、版本等信息，如图 1-16 所示。

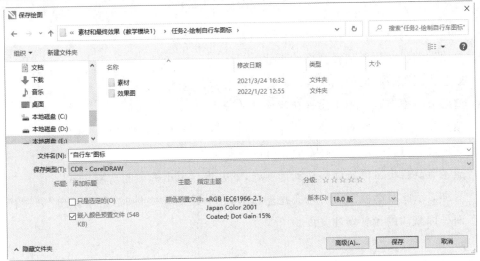

图 1-16 保存文件

相关知识

1."创建新文档"对话框设置项解释

"创建新文档"对话框如图 1-17 所示。

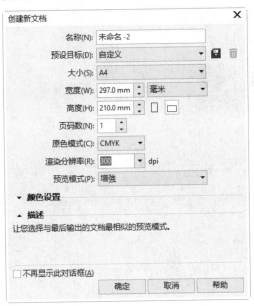

图 1-17 "创建新文档"对话框

● "名称"选项：在右侧文本框中可以输入新建文件的名称。

● "预设目标"选项：在右侧下拉列表中可以选择系统默认的设置新建文件。当自行设置文件的尺寸时，该选项中显示"自定义"选项。

- "大小"选项：在右侧的下拉列表中可以选择文件大小，包括 A4、A3、B5、信封和明信片等。
- "宽度"和"高度"选项：用于自行设置新建文件的宽度和高度尺寸。
- "页码数"选项：用于选择文档的页数。
- "原色模式"选项：此处用于设置新建文件的颜色模式。
- "渲染分辨率"选项：用于设置新建文件的分辨率。
- "预览模式"选项：在右侧的选项窗口中可选择与最后输出的文档最相似的预览模式。
- "颜色设置"选项：用于选择新建文件的色彩配置。
- "描述"选项：将鼠标光标移动到选项处，下方将显示出选项的功能。
- "不再显示此对话框"选项：勾选此复选框，在下次新建文件时，将不弹出"创建新文档"对话框，而是以默认的设置新建文件。

2. 导入重新取样文件

在导入图像时，由于导入的文件与当前文件所需的尺寸和解析度不同，因此在导入后要对其进行缩放等操作，这样会导致位图图像产生锯齿。利用"重新取样"选项可以将导入的图像重新取样，以适应设计的需要。

执行菜单栏中的"文件"→"导入"命令，打开"导入"对话框，如图 1-18 所示，选择图像后单击"导入"按钮右侧的下三角按钮，在弹出的列表中选择"重新取样并装入"选项，弹出如图 1-19 所示的"重新取样图像"对话框，根据设计需要进行设置。

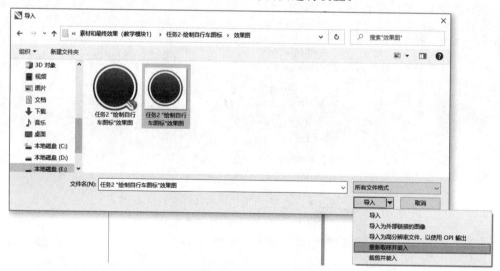

图 1-18 "导入"对话框

3. 导入裁剪文件

在工作过程中，常常需要导入位图图像的一部分，利用"裁剪并装入"选项，即可将需要的图像裁剪后再进行导入。

单击"导入"按钮右侧的下三角按钮，在弹出的列表中选择"裁剪并装入"选项。弹出如图 1-20 所示的"裁剪图像"对话框。

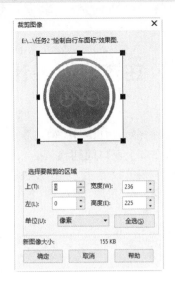

图 1-19 "重新取样图像"对话框   图 1-20 "裁剪图像"对话框

在"裁剪图像"对话框的预览窗口中,通过拖曳裁剪框的控制点,可以调整裁剪框的大小。裁剪框以内的图像区域将被保留,以外的图像区域将被删除。

将鼠标光标放置在裁剪框中,鼠标光标会显示为手的形状,此时按住鼠标左键拖曳鼠标光标可以移动裁剪框的位置。

在"选择要裁剪的区域"参数区中设置好距"上"部和"左"侧的距离及最终图像的"宽度"和"高度"参数,可以精确地将图像进行裁剪。注意默认单位为"像素",单击"单位"选项右侧的下拉按钮可以设置其他的参数单位。

当对裁剪后的图像区域不满意时,单击"全选"按钮,可以将位图图像全部选择,以便重新设置裁剪。

"新图像大小"选项的右侧显示了位图图像裁剪后的文件大小。

4. 导出文件

执行菜单栏中的"文件"→"导出"命令,打开"导出"对话框,如图 1-21 所示,选择导出的位置和类型后,单击"导出"按钮。

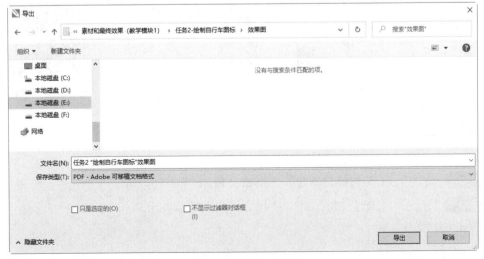

图 1-21 "导出"对话框

任务 1-3 　设计购物节海报——视图调整

要在打开的多个窗口间切换，可执行下列操作之一：直接单击想要处理的窗口；按下 Ctrl＋ Tab 快捷键，在多个窗口间切换。

更改显示模式只是改变图形在屏幕上的显示方式，而对图形的内容没有影响。在 CorelDRAW X8 的"视图"菜单中，提供了以下六种视图显示模式：简单线框、线框、草稿、正常、增强和像素模式。

任务目标

1. 学会在 CorelDRAW X8 中同时打开多个图形窗口。
2. 学会将打开的多个图形窗口以垂直平铺方式排列。
3. 掌握将其他文档窗口对象复制到当前新建文档窗口的方法。

任务说明

本任务是将同时打开的三个文档窗口的对象复制组合到新建文档窗口中，效果如图 1-22 所示。

图 1-22 　"购物节海报"效果

设计购物节海报

完成过程

Step 1 　按 Ctrl＋N 快捷键新建一个空白文档，如图 1-23 所示。

Step 2 　打开本书配套素材文件夹"任务 1-3 设计购物节海报"中的"3-01. cdr""3-02. cdr""3-03. cdr"文件。

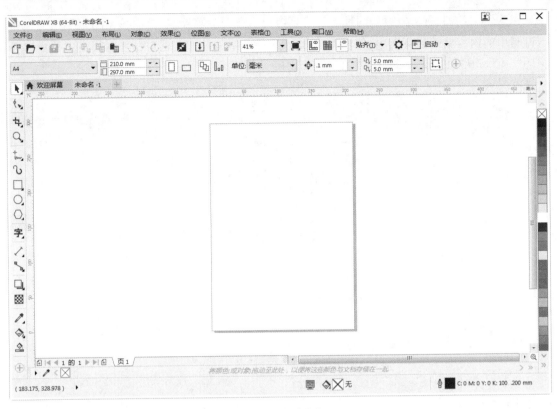

图 1-23　新建文件

Step 3　执行菜单栏中的"窗口"→"垂直平铺"命令,将打开的所有文档窗口以垂直平铺方式排列,如图 1-24 所示。

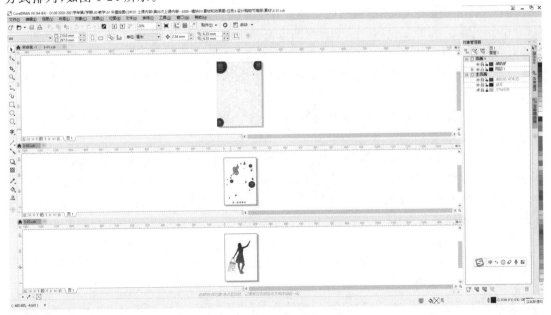

图 1-24　垂直平铺排列文档窗口

Step 4　单击"3-01.cdr"文档窗口的标题,将该窗口设置为当前窗口,按 Ctrl＋A 快捷键全选页面中的对象,再按 Ctrl＋C 快捷键将选中的对象复制到剪贴板,最后关闭"3-01.cdr"文件。

Step 5　单击新文档窗口的标题栏将该窗口设置为当前窗口,然后按 Ctrl＋V 快捷键将剪贴板中的内容粘贴到页面中,依次将"3-02.cdr"和"3-03.cdr"文档窗口复制到新文档窗口并关闭"3-02.cdr"和"3-03.cdr"文档,如图 1-25 所示。

图 1-25　"购物节海报"最终效果

相关知识

1. 排列窗口方式

当打开多个图像窗口时,屏幕可能会显得有些零乱。为此,用户可通过选择"窗口"→"层叠"/"水平平铺"/"垂直平铺"命令,来改变图像窗口的显示状态。

2. 六种视图显示模式

(1)"简单线框"模式:在该模式下只显示图形对象的轮廓,不显示填充、立体化、调和等效果。此外,位图在该显示模式下全部显示为灰度图。

(2)"线框"模式:该模式与"简单线框"模式类似,只是显示艺术线条和变形对象(渐变、立体化、轮廓效果)的轮廓。

(3)"草稿"模式:该模式以低分辨率显示所有图形对象及其填充效果。其中,渐变填充以单色显示,纹理和 PostScript 图案填充等均以一种基本图案显示,滤镜效果以普通色块显示。

(4)"正常"模式:该模式可以显示除 PostScript 图案以外的所有填充。其中,PostScript 图案以字母 PS 代替。

(5)"增强"模式:该模式以高分辨率显示所有图形对象,并使它们尽可能地圆滑。

(6)"像素"模式:该模式可以以像素图方式显示效果。

3. 缩放和平移视图

使用工具箱中的"缩放工具" 🔍 可以缩放视图,使用"平移工具" 🖐 可以平移视图。

4. 预览视图的方法

在 CorelDRAW X8 中,"视图"菜单中还提供了三种预览显示方式:"全屏预览""只预览选定的对象""页面排序器视图"。

任务 1-4　设计"双 11"狂欢购物节海报——页面设置与对象选取

在 CorelDRAW X8 中,可以根据需要切换、插入、删除或重命名页面。

要切换页面,直接在页面控制栏中单击相应页面即可。当页面较多时,如果页面控制栏不能完全显示所有的页面名称,此时可以单击"当前页面/页面总数"按钮,从打开的"定位页面"对话框中设置要切换的页号,然后单击"确定"按钮。

如果希望在当前文档的最前面插入页面,可首先单击第一个页面,然后在页面控制栏中单击左侧的＋号。

如果希望在当前文档的最后面插入页面,可首先单击最后一个页面,然后在页面控制栏中单击右侧的＋号。

如果希望在任意页面前面或后面插入页面,可直接右击该页面,然后在弹出的快捷菜单中选择"在前面插入页"或"在后面插入页"命令。

如果希望删除或重命名页面,可直接右击该页面,然后在弹出的快捷菜单中选择"删除页面"或"重命名页面"命令。

如果希望一次插入多个页面,或者插入不同于前面页面规格的页面,可执行菜单栏中的"版面"→"插入页"命令,打开"插入页面"对话框进行设置。

任务目标

1. 学会在 CorelDRAW X8 中插入新的页面。
2. 学会将打开的多个页面对象复制到新的页面中。

任务说明

本任务主要通过将五个同时打开的页面窗口对象复制到新插入的页面中,进而形成新的效果图,如图 1-26 所示。

图 1-26　"双 11"狂欢购物节海报效果

设计"双 11"狂欢购物节海报

完成过程

Step 1　打开本书配套素材文件夹中的"4-01.cdr"文件。该文档中包含五个页面,选择"视图"→"页面排序器视图"命令,可查看文档中的所有页面,如图1-27所示。

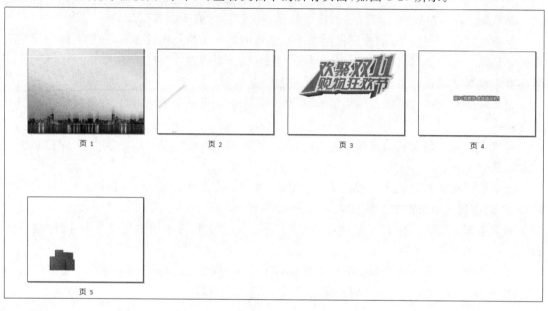

页 1　　　　　　页 2　　　　　　页 3　　　　　　页 4

页 5

图 1-27　查看文档中的所有页面

Step 2　在属性栏中单击"页面排序器视图"按钮 ,将页面恢复为正常显示状态。

Step 3　执行菜单栏中的"布局"→"插入页面"命令,弹出"插入页面"对话框,设置插入的页码数为1,目标位置是第5页的后面,然后设置页面方向为"横向",其他参数保持默认,单击"确定"按钮,如图1-28所示。此时在第5页的后面将插入一个新页面,并自动设置为当前页。

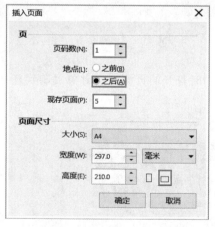

图 1-28　"插入页面"对话框

Step 4　在页面控制栏中单击第1页,切换到该页面,按Ctrl+A快捷键全选页面中的对象,再按Ctrl+C快捷键将选中的对象复制到剪贴板中。

Step 5　在页面控制栏中单击第6页,切换到该页面,然后按Ctrl+V快捷键,将剪贴板中的内容粘贴到该页,再利用"选择工具" 将对象调整为与页面同等大小,如图 1-29 所示。

图 1-29　调整复制对象的大小

Step 6　右键单击页面控制栏中的第 6 页,从弹出的快捷菜单中选择"重命名页面"项,然后在弹出的"重命名页面"对话框中将"页名"设置为"双 11",单击"确定"按钮,如图 1-30 所示。

Step 7　重复 Step 4、Step 5 的操作方法,将第 2～5 页中的内容复制到第 6 页中,得到如图 1-26 所示效果。

图 1-30　重命名"页 6"

Step 8　右键单击页面控制栏中的第 1 页,从弹出的快捷菜单中选择"删除页面"命令,将第 1 页删除。使用同样的方法将第 2～5 页删除。

Step 9　执行菜单栏中的"文件"→"另存为"命令,将文件换名保存。

相关知识

1.设置页面大小和方向

在 CorelDRAW X8 中进行页面设置,可以有以下两种方法:

(1)如果想改变页面大小,可以打开属性栏中的"页面规格"下拉列表框进行选择,或者直接利用页面尺寸编辑框修改页面尺寸。如果希望修改页面方向,可单击属性栏中的"纵向" □ 或"横向" □ 按钮。

(2)执行菜单栏中的"版面"→"页面设置"命令,在弹出的"选项"对话框中也可设置所需的页面方向、规格、高度和宽度。

2.改变页面背景

在 CorelDRAW X8 中,可以通过执行菜单栏中的"版面"→"页面背景"命令为页面设置纯色背景,或者将位图设置成页面背景。

3. 创建对象时的自动选取

使用矩形、椭圆形、多边形等基本绘图工具绘制好对象后，CorelDRAW X8 会自动选取所绘制的对象。

4. 使用"选择工具"选取和编辑对象

"选择工具" ▶ 是选取对象时最常用的工具。若结合按键，还可以进行一些特殊选择。

（1）直接选取：选择工具箱中的"选择工具" ▶ 后，在要选取的对象上单击一下，当对象周围出现 8 个黑色控制点时，即表示它已被选取。

（2）多个对象的选取：若要同时选取多个对象，只需按下 Shift 键，并使用鼠标依次单击所需对象即可。

（3）拖曳选取：选择工具箱中的"选择工具" ▶ 后，在要选取的对象外围拖拉出一个蓝色虚线方框，释放鼠标后，被圈选的一个或多个对象即处于选取状态。

（4）群组对象的选取：当使用"选择工具" ▶ 单击群组对象中的任一对象时，群组中的所有对象都会同时被选取；如要选择一个群组中的个别对象，可按住 Ctrl 键，然后单击所要选取的对象。此时对象周围的控制点将变为小圆点，以表示和非群组对象的不同。

（5）重叠对象的选取：如要从一群重叠的对象中选取某一对象，只需按下 Alt 键，再使用鼠标逐次单击上层的对象，即可依次选取下面各层对象。

（6）旋转和倾斜对象：如前所述，当使用"选择工具" ▶ 选取对象时，将在对象四周显示方形控制点和中心控制点，此时单击并拖动方形控制和中心控制点，可分别调整图形对象的尺寸和位置。如果再次单击所选图形对象，此时控制点将变成一组控制箭头。单击并拖动四周的弯曲箭头可旋转图形；单击并拖动四周的直线箭头可倾斜图形。

///////////////// 拓 展 训 练 /////////////////

训练 1-1　设计购物海报

训练要求：

利用页面设置、导入图形命令，得到如图 1-31 所示效果。

图 1-31　购物海报

步骤指导：

（1）新建文档，设置大小为 A4，各边出血为 3 mm。

（2）导入素材图。

（3）保存。

训练 1-2　设计浪漫七夕海报

训练要求：

利用垂直平铺窗口，将各窗口的对象复制到新窗口，得到如图 1-32 所示效果。

图 1-32　浪漫七夕海报

步骤指导：

（1）新建文档。

（2）打开素材文档，将打开的素材文档窗口垂直平铺。

（3）将各窗口的对象复制到新窗口。

训练 1-3　设计新年吉祥海报

训练要求：

将素材文件中各页面对象复制到新页面，得到如图 1-33 所示效果。

图 1-33　新年吉祥海报

步骤指导：

（1）打开素材文件。

（2）在页面 1 之前新建一页面，将后面五个页面的对象依次复制到新建的页面。

（3）删除后面五个页面，保存。

训练 1-4 设计时尚产品宣传册

训练要求：

利用页面设置与调整、对象的选取和简单编辑等操作,得到如图 1-34 所示效果。

步骤指导：

(1)打开素材文件"01.cdr",切换到页面 1,调整页面宽度为 220 mm,长度为 150 mm。

(2)将页面 2 的"时尚包"分别移动到页面 1 和页面 6,调整其大小和位置。

(3)将页面 5 的"鞋子"移动到页面 7,调整其大小和位置。

(4)删除页面 2 和页面 5。

页 1

页 2

页 3

页 4

页 5

图 1-34 时尚产品宣传册

模块 2　绘制几何图形

"不积跬步,无以至千里;不积小流,无以成江海。"创作出高水平的矢量作品,要从掌握基础知识做起,精湛的技能从基础、从细致入微处开始。绘制一些基础的几何图形,可以培养学生细心、稳重的良好品质。

教学目标

通过"设计梦幻女孩插画"和"设计风景插画"两个任务的学习,掌握在 CorelDRAW X8 中矩形、圆角矩形、圆形、椭圆形、多边形、星形、螺旋形和网格等常见图形的绘制方法。

教学要求

知识要点	能力要求	关联知识
基本几何图形的绘制	掌握	绘制矩形、圆角矩形、圆形、椭圆形、多边形、星形、螺旋形和网格等图形
其他几何图形的绘制	掌握	绘制箭头、流程图和标注等图形

任务 2-1　设计梦幻女孩插画——基本几何图形的绘制

CorelDRAW X8 的工具箱中提供了几组绘制几何图形的工具,利用它们可以轻而易举地绘制出矩形、圆角矩形、圆形、椭圆形、多边形、星形、螺旋形、网格等图形,为绘图带来了极大的方便。本任务中,我们将学习矩形、圆角矩形、椭圆形、多边形和星形等图形的绘制方法。

1.掌握椭圆形工具的操作方法以及设置对象属性的方法。
2.掌握星形工具的操作方法以及设置对象属性的方法。

本任务主要通过椭圆形工具和星形工具等工具设计梦幻女孩插画,效果如图 2-1 所示。

图 2-1 "梦幻女孩插画"效果

微 课

设计梦幻女孩插画

Step 1 执行菜单栏中的"文件"→"新建"命令(或按 Ctrl+N 快捷键),新建一个 A4 页面,宽度为 297 mm,高度为 210 mm。

Step 2 双击工具箱中的"矩形工具" ⬜,自动创建一个与页面同等大小的矩形,然后右击"默认 CMYK 调色板"中的"无"图标⊠,取消矩形的轮廓描边,接着单击"默认 CMYK 调色板"中的"蓝色"色块,将矩形填充为蓝色,如图 2-2 所示。

Step 3 确保绘制的矩形处于选中状态,选择工具箱中的"网状填充工具" 拼,此时在矩形上将显示出网格,如图 2-3 所示。

Step 4 单击网格左下角的节点将其选中,用黄色填充选中的节点,此时,该颜色将以选中的节点为中心向外扩散,如图 2-4 所示。

Step 5 参照前面介绍的方法,分别选中网格中的其他节点,并利用"默认 CMYK 调色板"为节点添加颜色,如图 2-5 所示。

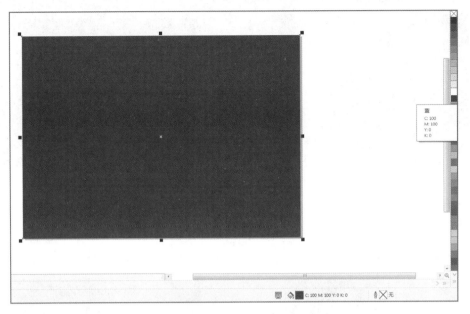

图 2-2　绘制矩形并填充蓝色

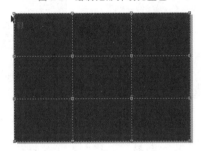

图 2-3　添加网格

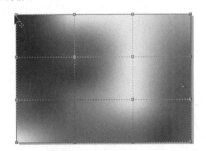

图 2-4　选中网格左下角的节点并填充颜色　　　　　图 2-5　为节点添加颜色

Step 6　选中某节点后,将显示该节点的控制柄。拖动节点并调整控制柄的长度和角度,可改变该节点的颜色填充方向,利用此方法调整网格中的相应节点,如图 2-6 所示。

Step 7　使用工具箱中的"3 点椭圆形工具" 在页面的左上角绘制一个椭圆形,然后右击"默认 CMYK 调色板"中的"无"图标,取消椭圆形的轮廓描边,接着单击调色板中的"白色"色块,将椭圆形填充为白色,如图 2-7 所示。

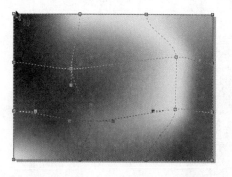

图 2-6　调整节点

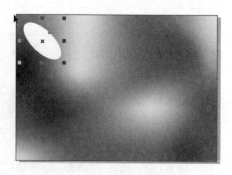

图 2-7　绘制椭圆形

Step 8　使用工具箱中的"透明度工具" ▨ 为其设置半透明效果,如图 2-8 所示。

Step 9　使用工具箱中的"选择工具" ▸ 选中椭圆形,然后按 Ctrl+C 快捷键,再按三次 Ctrl+V 快捷键将其复制三份,并分别进行旋转,使它们构成一个四瓣花,如图 2-9 所示。

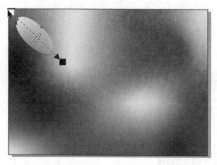

图 2-8　半透明效果

图 2-9　复制、旋转半透明椭圆形

Step 10　使用工具箱中的"星形工具" ☆ ,在透明花上绘制一个四角星,填充色为白色, 无轮廓,添加半透明效果,使用工具箱中的"椭圆形工具" ◯ ,在透明花的中央绘制一个无轮 廓、填充色为黄色的椭圆形。使用同样方法再绘制一个五瓣花,得到如图 2-10 所示效果。

Step 11　使用工具箱中的"选择工具" ▸ 同时选中透明花和黄色椭圆形,按 Ctrl+G 快 捷键将它们群组,并多复制一些,分别调整大小、旋转角度,散放在页面下方,效果如图 2-11 所示。

图 2-10　添加星形和椭圆形

图 2-11　复制群组对象

Step 12　使用工具箱中的"椭圆形工具" ◯ 绘制一些白色的圆形,然后利用"透明度工 具" ▨ 为其设置半透明效果,如图 2-12 所示。

图 2-12　绘制一些半透明圆形

Step 13　打开素材文件夹中的"01. cdr"文件,将其中的小女孩复制到文档中,放置在如图 2-1 所示位置,得到最终效果图。

相关知识

1. 绘制矩形

在 CorelDRAW X8 中,使用同一个工具组中的"矩形工具" ▢ 和"3 点矩形工具" ▱,可以绘制出任意比例和方向的矩形、正方形及各种圆角矩形。

双击"矩形工具" ▢,可以根据绘图页面的大小自动生成一个矩形。

在绘制矩形时按住 Ctrl 键,可绘制正方形;若同时按住 Ctrl 键和 Shift 键,则可以以起点为中心绘制正方形。

在绘制圆角矩形时,如果单击"矩形工具"属性栏中的 🔒 按钮,使其呈打开状态 🔓,可分别在各文本框中输入不同的数值,从而制作出具有不同圆角半径的特殊圆角矩形。

2. 绘制椭圆形

使用同一个工具组中的"椭圆形工具" ◯ 和"3 点椭圆形工具" ⬭,可以绘制椭圆形、圆形、饼形和弧形。

绘制椭圆形时,如按住 Shift 键,可从中心向外绘制椭圆形;如按住 Ctrl 键,可绘制圆形;如同时按住 Shift 键和 Ctrl 键,可从中心向外绘制圆形。

3. 绘制多边形、星形

使用对象展开式工具栏中的工具,可以绘制出各种形状的多边形、星形、复杂星形和网格。

如按住 Shift 键,可从中心向外绘制多边形;如按住 Ctrl 键,可绘制正多边形;如同时按住 Shift 键和 Ctrl 键,可从中心向外绘制正多边形。

用"形状工具" ⬚ 移动其中某个节点,它就会变化出不同的星形。

4. 网状填充

利用"网状填充工具" ⌗,可以创建复杂多变的网状填充效果,同时还可以将每一个网点填充上不同的颜色并定义颜色的扭曲方向。

在调整网格形状时,用户可以全选节点进行调整,也可以手动圈选所需节点来调整网格的形状,但网格不能被打印出来。

任务 2-2　设计风景插画——其他几何图形绘制工具

当利用智能绘图工具绘制图形时,系统会对手绘笔触进行识别,并自动将其转换为圆形、矩形、平行四边形、三角形或线条等基本形状。

在 CorelDRAW X8 中,系统提供了一些用于绘制箭头、四边形、多边形、星形、流程图和标注等图形的工具,用户可以在基本形状工具组中选择它们。

任务目标

1. 掌握智能绘图工具的操作方法以及设置对象属性的方法。
2. 掌握基本形状工具的操作方法以及设置对象属性的方法。

任务说明

本任务主要通过基本形状工具和智能绘图工具设计风景插画,效果如图 2-13 所示。

图 2-13　"风景插画"效果

微课

设计风景插画

完成过程

Step 1　执行菜单栏中的"文件"→"新建"命令(或按 Ctrl＋N 快捷键)新建文件,设置其大小与方向属性,如图 2-14 所示。

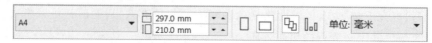

图 2-14　设置页面尺寸

Step 2　双击工具箱中的"矩形工具"▢得到一个与页面同样大小的矩形,如图 2-15 所示。

Step 3　按 F11 键打开"编辑填充"对话框,进入"渐变填充"界面,设置参数:"类型"为

"线性渐变填充",旋转(角度)为"-90.0°",如图 2-16 所示,从左到右渐变色的 CMYK 值分别为(100,0,0,0)、(0,0,0,0)、(46,2,50,0)、(0,52,85,0),单击"确定"按钮得到如图 2-17 所示矩形。

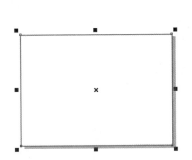

图 2-15　绘制矩形

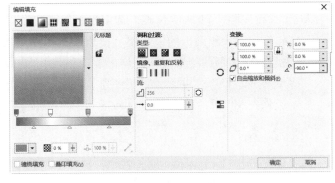

图 2-16　"编辑填充"对话框

Step 4　使用工具箱中的"智能绘图工具"在页面中绘制山形轮廓,如图 2-18 所示。

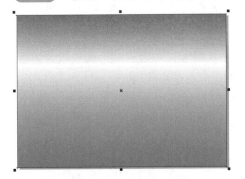

图 2-17　渐变填充矩形

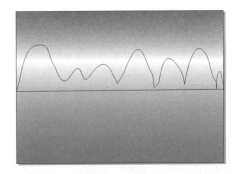

图 2-18　绘制山形轮廓

Step 5　按 F11 键弹出"编辑填充"对话框,进入"均匀填充"界面,设置参数:CMYK 值为(60,80,0,0),单击"确定"按钮填充山形为深碧蓝色,如图 2-19 所示。

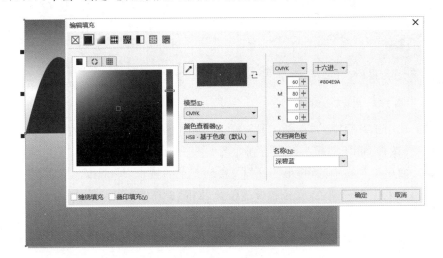

图 2-19　为山形填充深碧蓝色

Step 6　选中绘制的山形,选择工具箱中的"透明度工具" ▓,然后在山形的上方单击并拖动鼠标,制作出山形的半透明效果,使之与背景自然地融合在一起,如图 2-20 所示。

Step 7　使用工具箱中的"椭圆形工具" ○ 绘制一个圆形作为太阳,填充色为橙色,轮廓色为无,放置在如图 2-21 所示位置。选中绘制的正圆形,执行菜单栏"对象"→"顺序"→"向后一层"命令,将圆形放置到山的下一层。使用工具箱中的"透明度工具" ▓ 制作圆形的半透明效果,方法与制作山形的透明效果一样。

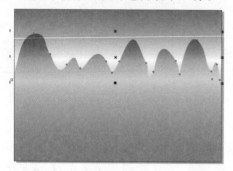
图 2-20　为山形添加半透明效果

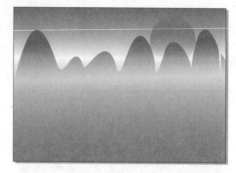
图 2-21　绘制橙色半透明效果的圆形

Step 8　使用工具箱中的"复杂星形工具" ✿,在其属性栏中设置星形的点数或边数为 9、锐度为 2,并取消形状轮廓,在风景图的右侧绘制星形,并填充绿色,如图 2-22 所示。

Step 9　使用工具箱中的"选择工具" ▶ 选中星形,选择工具箱中的"变形工具" ▢,将鼠标指针移到星形中心位置,单击鼠标左键向左移动鼠标,释放左键后设置属性栏的参数(推拉振幅为 −51)得到如图 2-23 所示的效果。

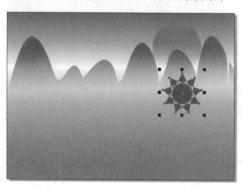
图 2-22　绘制星形图案

图 2-23　对星形图案进行变形

Step 10　使用工具箱中的"选择工具" ▶ 选中星形图案,按键盘上的"＋"键复制一个形状,填充黄色,并按住 Shift 键缩小图形得到如图 2-24 所示效果。

Step 11　使用工具箱中的"矩形工具" □ 绘制花朵的枝干,填充和星形花朵一样的绿色。并且复制多个,改变大小和颜色,安排在合适位置,如图 2-25 所示。

Step 12　使用工具箱中的"基本形状工具" ▱ 并在属性栏中的"完美形状"下拉列表中选择心形图形样式,然后在页面的左上角绘制心形,并在调色板中为其选择一种喜欢的填充颜色和取消轮廓色。

图 2-24　复制并缩小一星形图案

图 2-25　绘制花朵的枝干并复制多个

Step 13　选择工具箱中的"交互式填充工具" ◇，在属性栏中"填充类型"下拉列表中选择"辐射",心形被填充为放射性的渐变效果,用鼠标拖动图形外围的虚线,调整渐变颜色的过渡位置,复制心形,改变颜色,如图 2-26 所示。

Step 14　选择工具箱中的"智能绘图工具" ◢，在心形图形的下方绘制一条曲线,并设置轮廓颜色为深褐色,然后利用"选择工具" ▶ 选中心形和曲线,并将它们进行适当的旋转,效果如图 2-27 所示。

图 2-26　绘制渐变的心形

图 2-27　绘制曲线

Step 15　选择工具箱中的"3点矩形工具" ▣，在页面的左下角绘制一组长条矩形作为篱笆,并设置填充颜色为绿色,轮廓色为无,选择工具箱中的"选择工具" ▶，选中所有绿色长条矩形,依次按 Ctrl+C、Ctrl+V 快捷键,将其复制一份,将复制过来的矩形填充颜色设置为黄色,并向左稍微移动复制的矩形,形成立体效果的篱笆,得到如图 2-13 所示的最终效果。

相关知识

1. 透明度工具 ▦

使用该工具可以制作出均匀、渐变、图案和底纹等许多漂亮的透明效果,在其工具属性栏中可以调整透明类型、透明样式、透明度、复制透明效果和清除透明效果等。

2. 交互式填充工具 ◇

使用该工具等同于按下 F11 键,不同的是它以属性栏方式体现出来,同样具有均匀填充、渐变填充、向量图案填充、位图图案填充和双色图案填充等,单击属性栏最后一个按钮 ▩ 可切换到对话框方式,更便于各个参数的设置。

训练 2-1　绘制深海鱼插画

训练要求：

利用"椭圆形工具"、"3 点椭圆形工具"和"星形工具"等工具绘制如图 2-28 所示图案。

图 2-28　深海鱼插画

步骤指导：

(1)新建宽度和高度均为 100 mm 的空白文档。

(2)设置背景为浅蓝色到深蓝色的线性渐变。

(3)使用"3 点矩形工具"绘制散射状效果。

(4)使用"椭圆形工具"和"3 点椭圆形工具"绘制卡通深海鱼。

(5)使用"星形工具"绘制星形，使用"椭圆形工具"绘制饼形。

训练 2-2　绘制漫画

训练要求：

利用"图纸工具"、"3 点矩形工具"、"螺纹工具"和"基本形状工具"等工具绘制如图 2-29 所示漫画。

图 2-29　漫画

步骤指导：

(1)打开素材文件夹"训练 2-2　绘制漫画"中的"01.cdr"。

(2)使用"3 点矩形工具"绘制绿色任意角度矩形。

(3)使用"螺纹工具"绘制两个对称的螺纹线。

(4)使用"基本形状工具"绘制笑脸图形。

(5)使用"标注形状工具"绘制标注图形。

(6)调整文字位置。

模块 3　绘制线条和不规则图形

教学目标

通过"绘制圣诞贺卡"和"绘制友情卡"两个任务的学习,可以掌握在 CorelDRAW X8 中应用各种曲线工具绘制图形的操作方法,以及对曲线工具进行基本属性的设置。

教学要求

知识要点	能力要求	关联知识
手绘工具	掌握	既可以绘制直线、连续折线,还可以绘制曲线、抛物线以及各种规则和不规则的封闭图形
贝塞尔工具	掌握	既可以绘制曲线及各种复杂的图形,也可以绘制直线,其绘制直线的方法与手绘工具相似
艺术笔工具	掌握	提供了预设、笔刷、喷绘、书法和压力等五种笔触工具,可绘制出不同风格的作品
钢笔工具	掌握	用法与贝塞尔工具类似
折线工具	掌握	通过连续单击绘制连续折线,也可按住鼠标左键不放并拖动绘制曲线
3 点曲线工具	掌握	通过定义线条的起始点、结束点和中心点来绘制所需的曲线

任务 3-1　绘制圣诞贺卡

利用 CorelDRAW X8 提供的绘图工具不仅可以绘制规则图形,还可以通过手绘工具、贝塞尔工具和艺术笔工具绘制任意不规则图形和曲线等,而通过对这些图形进行调整,可得到符合实际应用需要的任何造型。

任务目标

1. 认识手绘工具、贝塞尔工具、艺术笔工具。
2. 掌握手绘工具的基本使用方法。
3. 掌握贝塞尔工具的基本使用方法。
4. 掌握艺术笔工具的基本使用方法。

任务说明

本任务主要通过手绘工具、贝塞尔工具和艺术笔工具绘制圣诞贺卡,效果如图 3-1 所示。

图 3-1　"圣诞贺卡"效果

微课

绘制圣诞贺卡

完成过程

Step 1　执行菜单栏中的"文件"→"新建"命令(或按 Ctrl+N 快捷键),建立一个新的文件,设置其大小与方向属性如图 3-2 所示。

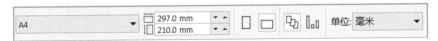

图 3-2　设置页面尺寸(1)

Step 2   双击工具箱中的"矩形工具"□绘制出与页面一样大小的矩形。

Step 3   按 F11 键弹出"编辑填充"对话框,设置参数:"类型"为"椭圆形渐变填充",中心
位移为水平(X):12.0%,垂直(Y):24.0%,颜色从左到右为:红色(CMYK:0,100,100,0),黄
色(CMYK:0,0,100,0),如图 3-3 所示,单击"确定"按钮得到渐变背景,如图 3-4 所示。

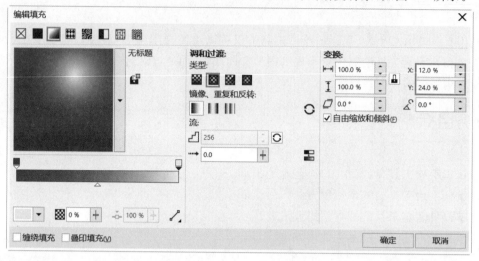

图 3-3   设置"编辑填充"对话框(1)

Step 4   使用工具箱中的"手绘工具"绘制如图 3-5 所示的封闭图形,并填充白色。

图 3-4   渐变填充背景(1)

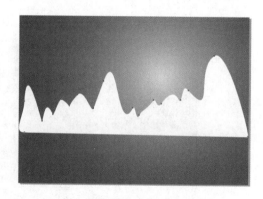

图 3-5   绘制封闭图形

Step 5   选择工具箱中的"透明度工具",然后在 Step 4 绘制的图形上单击并向下拖
动鼠标,制作该图形的半透明效果,使其与背景自然融合,如图 3-6 所示。

Step 6   使用工具箱中的"贝塞尔工具"在页面左侧绘制一棵圣诞树。

Step 7   设置填充颜色为淡黄色,如图 3-7 所示。

Step 8   选择工具箱中的"艺术笔工具",然后单击属性栏中的"喷涂"按钮,在"类
别"下拉列表中选择"其他",在"喷射图样"下拉列表中选择"雪花"图案,并设置要喷涂的对象
大小为 74%,如图 3-8 所示。属性设置好后,在页面中单击并拖动鼠标绘制雪花图案,如图 3-9
所示。

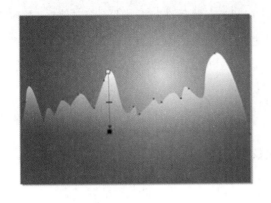

图 3-6　设置半透明效果　　　　　　　　　　　图 3-7　绘制圣诞树

图 3-8　属性设置

Step 9　重新在"喷射图样"下拉列表中选择"卡通"图案,然后在页面中绘制一些卡通人物,效果如图 3-10 所示。

图 3-9　绘制雪花　　　　　　　　　　　图 3-10　绘制卡通人物

Step 10　选择工具箱中的"文本工具"字,输入文字"Merry Christmas"。

Step 11　选择工具箱中的"阴影工具"为文字添加阴影,得到最终效果图如图 3-1所示。

相关知识

"手绘工具"用于绘制比较随意的线条,可以绘制直线、曲线和任意形状的图形,就像用铅笔进行绘图一样。使用"手绘工具"时,配合 Ctrl 键可以约束绘制的直线按角度变化。

"贝塞尔工具"可以用于比较精确地绘制直线和圆滑的曲线。"贝塞尔曲线"是一种按节点依次绘制的曲线,可在绘制节点时,边画边拖动节点调整手柄来控制曲线的曲率。"贝塞尔工具"是通过定位节点的位置和调整控制手柄的方向来绘制曲线,如果再次单击已绘制好的曲线的终点,即可在其基础上继续进行绘制。

使用"艺术笔工具"可以绘制出多种精美的线条和图形。如果选择的画笔笔触不在下拉列表里面,用户可以在工具属性栏中单击"浏览"按钮,然后在打开的"浏览文件夹"对话框中选择画笔笔触文件。单击"艺术笔工具"属性栏中的"压力"按钮,在属性栏中可设置"笔触宽度"数值。将鼠标移到页面中,按住鼠标左键并拖动到适当的位置,松开鼠标即可得到所要的艺术图形。应用的压力大小决定线条的实际宽度。

任务 3-2　绘制友情卡

　　"钢笔工具"![] 的用法与"贝塞尔工具"类似,也是运用节点和控制柄来调整曲线的圆滑度。

　　"折线工具"![] 主要通过连续单击绘制连续折线,也可按住鼠标左键不放并拖动绘制曲线。

　　"3 点曲线工具"![] 则是通过定义线条的起始点、结束点和中心点来绘制出所需的曲线。

任务目标

1. 认识钢笔工具、折线工具、3 点曲线工具。
2. 掌握钢笔工具的基本使用方法。
3. 掌握折线工具的基本使用方法。
4. 掌握 3 点曲线工具的基本使用方法。

任务说明

　　本任务主要通过钢笔工具、折线工具和 3 点曲线工具绘制友情卡,效果如图 3-11 所示。

图 3-11　"友情卡"效果

微课

绘制友情卡

完成过程

Step 1　执行菜单栏中的"文件"→"新建"命令(或按 Ctrl+N 快捷键),建立一个新的文件,设置其大小与方向属性如图 3-12 所示。

图 3-12　设置页面尺寸(2)

Step 2　双击工具箱中的"矩形工具" 绘制出与页面一样大小的矩形。

Step 3　按 F11 键弹出"编辑填充"对话框,设置参数:"类型"为"线性渐变填充",旋转(角度)为"270.0°",如图 3-13 所示,颜色从左到右为:冰蓝色(CMYK:40,0,0,0),白色(CMYK:0,0,0,0),单击"确定"按钮得到渐变背景,图 3-14 所示。

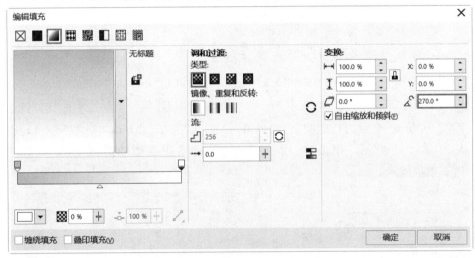

图 3-13　设置"编辑填充"对话框(2)

Step 4　选择工具箱中的"折线工具" ,然后在页面的下半部分绘制连续折线的封闭图形,并利用"默认 CMYK 调色板"为图形填充绿色,取消轮廓描边,如图 3-15 所示。

图 3-14　渐变填充背景(2)　　　　　图 3-15　绘制草丛图形并填充绿色

Step 5 使用"选择工具" 选中背景和草丛图形,然后执行菜单栏中的"对象"→"锁定对象"命令,锁定背景和草丛图形,避免在后面的操作中移动其位置。

Step 6 绘制围墙。使用"矩形工具" 绘制一个填充色为黑色的长条矩形,然后将长条矩形复制一份,并将复制过来的矩形填充颜色更改为白色,再按键盘中的"↓"键,将白色长条矩形稍向下移动,形成阴影效果,如图 3-16 所示。

Step 7 选择工具箱中的"折线工具" 绘制一个五边形,并参照 Step 6 的操作方法,制作出阴影效果,如图 3-17 所示。

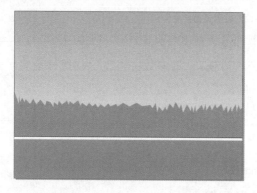

图 3-16 绘制带有阴影的长条矩形　　　　图 3-17 绘制带有阴影的五边形

Step 8 使用"选择工具" 选中 Step 7 中绘制的图形,执行菜单栏中的"窗口"→"泊坞窗"→"变换"→"位置"命令,打开"变换"泊坞窗,设置"X"为 25.0 mm,"副本"为 11,其他参数保持默认,如图 3-18 所示。单击"应用"按钮,将 Step 7 中绘制的图形复制 11 份,得到如图 3-19 所示围墙效果。

图 3-18 设置"变换"泊坞窗参数　　　　图 3-19 围墙效果

Step 9 选择工具箱中的"折线工具" 绘制如图 3-20 所示的折线封闭图形,并填充深绿色。

Step 10 选择工具箱中的"3 点曲线工具" 绘制如图 3-21 所示封闭图形,按 F11 键弹出"编辑填充"对话框,设置参数:"类型"为"椭圆形渐变填充",颜色从左到右为:黄色(CMYK:0,21,94,0),白色(CMYK:0,0,100,0),如图 3-22 所示。

图 3-20　绘制低矮的草丛

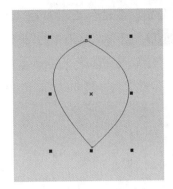

图 3-21　绘制花瓣轮廓

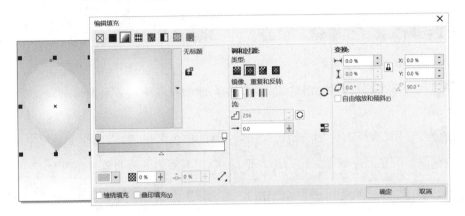

图 3-22　设置"编辑填充"对话框(3)

Step 11　使用"选择工具"🔾选中绘制的花瓣,执行菜单栏中的"窗口"→"泊坞窗"→"变换"→"旋转"命令,打开"变换"泊坞窗,设置旋转角度为 90.0°,旋转中心为"左中","副本"为3,其他参数保持默认,如图 3-23 所示。单击"应用"按钮,将 Step 9 和 Step 10 中绘制的图形复制三份。

Step 12　选择工具箱中的"椭圆形工具"🔾在花朵的中央绘制一个椭圆形,并填充为红色,得到如图 3-24 所示黄花最终效果。

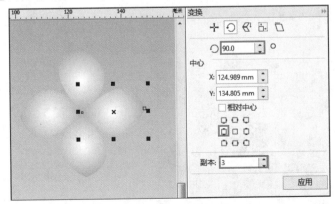

图 3-23　旋转复制组成一朵花

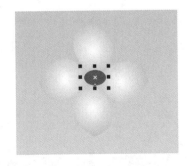

图 3-24　绘制花朵中心椭圆形

Step 13　使用"选择工具"🔾选中所有花瓣和中心,按 Ctrl＋G 快捷键群组,然后多复制一些,并分别调整大小和旋转角度,散放在页面的下方,如图 3-25 所示。

Step 14 选择工具箱中的"折线工具"🖐和"矩形工具"▢绘制树木,然后将绘制的树木多复制一些,放置在如图 3-26 所示位置。

图 3-25 复制花朵

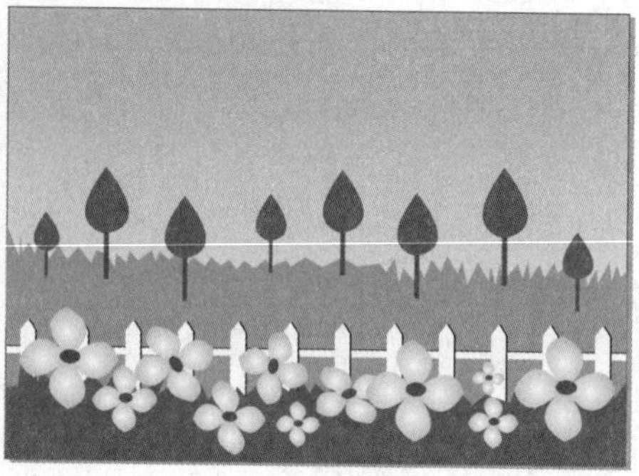

图 3-26 绘制树木

Step 15 选择工具箱中的"钢笔工具"🖊在页面的左侧绘制一组图形,并填充为白色,如图 3-27 所示。

Step 16 使用"选择工具"▶选中上一步绘制的白色图形,然后选择工具箱中的"透明度工具"▦,在图形的左上方单击并向右下方拖动,制作图形的半透明效果,如图 3-28 所示。

图 3-27 绘制一组图形

图 3-28 制作图形的半透明效果

Step 17 执行菜单栏中的"文件"→"导入"命令,导入"卡通小女生.cdr",如图 3-29 所示。

图 3-29 导入卡通小女生

Step 18　选择工具箱中的"文本工具"字，输入"朋友，好久不见，你还好吗?"，得到如图 3-11 所示最终效果。

相关知识

1.钢笔工具

使用"钢笔工具"可以绘制各种线段、曲线和复杂的图形，也可以对绘制的图形进行修改。

在工具箱中选择"钢笔工具"，如果未在工作区中选择或绘制任何对象，其属性栏中的部分选项为不可用状态，只有在工作区页面中绘制并选中对象后，其属性栏中的一些不可用的选项才会成为可用选项，如图 3-30 所示。

图 3-30　选择对象后的属性栏

钢笔工具的基本操作有以下两种：

（1）绘制直线

在工作区中单击一点作为直线的第一点，移动鼠标指针至其他位置再次单击作为第二点，即可绘制出一条直线。继续单击可以绘制连续的直线，双击或者按 Esc 键均可结束绘制，如图 3-31 所示。

（2）绘制曲线

创建第一点后，按住鼠标左键并拖曳鼠标指针可以绘制曲线，同时将显示控制柄和控制点以便调节曲线的方向，双击或者按 Esc 键均可结束绘制，如图 3-32 所示。

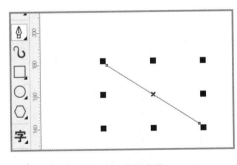

图 3-31　绘制直线

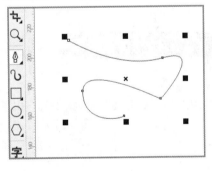

图 3-32　绘制曲线

用"钢笔工具"绘制完图形后，可以在属性栏中对绘制的图形进行设置。

2.折线工具

使用"折线工具"可以绘制各种直线段、曲线与各种形状的复杂图形。与钢笔工具不同的是：折线工具可以像使用手绘工具一样按住鼠标左键一直拖动，以绘制出所需的曲线，也可以通过不同位置的两次单击得到一条直线段。而"钢笔工具"则只能通过单击并移动或单击并拖动来绘制直线段、曲线与各种形状的图形，并且它在绘制的同时可以在曲线上添加锚点，同时按住 Ctrl 键还可以调整锚点的位置以达到调整曲线形状的目的。

在工具箱中选择"折线工具"，即可在属性栏中显示它的相关选项，如图 3-33 所示。

3.3 点曲线工具

使用"3 点曲线工具"可以绘制各种弧度的曲线或饼形。"3 点曲线工具"的具体使用方式如下：

在工具箱中选择"3 点曲线工具"，然后根据需要在属性栏中设置轮廓宽度，在工作区中的适当位置按下鼠标左键并向所需方向拖动鼠标指针，达到所需的长度后释放左键，再向直线两旁的任意位置移动，得到所需的弧度后单击，即可绘制完成这条曲线，效果如图 3-34 所示。

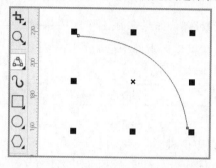

图 3-34 绘制完成的弧线效果

绘制好曲线后可以通过属性栏改变它的属性，也可以在默认 CMYK 调色板或颜色泊坞窗中直接更改它的颜色。

////////////// 拓展训练 //////////////

训练 3-1 绘制雪景插画

训练要求：

利用"贝塞尔工具"、"形状工具"和"艺术笔工具"等工具绘制如图 3-35 所示画面。

图 3-35 雪景插画

步骤指导：

(1)双击"矩形工具"绘制一个与页面相同大小的矩形，并填充为浅蓝色。

(2)使用"贝塞尔工具"和"形状工具"绘制雪人身体，并填充为白色。

(3)使用"贝塞尔工具"和"形状工具"绘制帽子、手和围巾等并填充颜色。

(4)使用"艺术笔工具"绘制雪花。

训练 3-2　设计香水广告

训练要求：

利用"贝塞尔工具"、"形状工具"、"渐变工具"、"钢笔工具"和"艺术笔工具"等工具绘制如图 3-36 所示画面。

步骤指导：

(1)使用"矩形工具"和"编辑填充"绘制背景。

(2)使用"贝塞尔工具"、"钢笔工具"、"填充工具"和"渐变工具"绘制香水瓶身。

(3)使用"艺术笔工具"绘制烟花效果。

(4)使用"文本工具"输入文字。

(5)导入瓶盖和 LOGO。

图 3-36　香水广告

模块 4　编辑路径与修整对象

"锲而舍之,朽木不折;锲而不舍,金石可镂。"通过本模块的学习,学生将学会各种调整方法,灵活绘制出理想的图形,培养精雕细琢、精益求精的良好品质。

教学目标

通过"绘制老牛剪纸画"和"绘制 2006 德国世界杯标志"两个任务的学习,学生将掌握通过CorelDRAW X8 提供的路径与对象编辑工具对图形进行各种调整的使用方法,能够灵活使用路径与对象编辑工具绘制出理想的图形。

教学要求

知识要点	能力要求	关联知识
形状工具	掌握	通过改变对象的节点和路径来改变曲线、文本、位图、矩形和椭圆形的形状
涂抹笔刷工具	掌握	用于在原图形的基础上添加或删减区域
自由变换工具	掌握	对当前对象进行旋转、镜像、缩放和倾斜等变换操作
裁剪工具	掌握	可以对单一的图形进行裁切,而且还可以对混合图形一次性进行裁切
刻刀工具	掌握	将一个对象分割为两个以上独立的对象
橡皮擦工具	掌握	擦除位图和矢量对象不需要的部分

任务 4-1　绘制老牛剪纸画——路径编辑与修饰

在 CorelDRAW X8 中贝塞尔工具和形状工具可以编辑路径,而形状工具是非常重要的造型工具,其优点是可以勾画平滑的曲线,绘制出复杂的路径,对已有的路径进行编辑。

任务目标

1.掌握贝塞尔工具使用方法。
2.认识形状工具。
3.掌握形状工具使用方法。
4.掌握节点和路径的属性。

任务说明

本任务主要使用形状工具制作"老牛剪纸画",效果如图 4-1 所示。

图 4-1　"老牛剪纸画"效果　　　　　绘制老牛剪纸画

完成过程

Step 1　执行菜单栏"文件"→"新建"命令(或按 Ctrl＋N 快捷键),新建一个 A4 页面,并单击属性栏中的"横向"□按钮。

Step 2　使用工具箱中的"贝塞尔工具"绘制牛的大致轮廓,如图 4-2 所示。

Step 3　使用工具箱中的"形状工具"圈选所绘制的图形,单击属性栏中的"转换为曲线"按钮,使用"形状工具"调节节点的控制线,调整、圆滑图形,最终成形效果如图 4-3 所示。

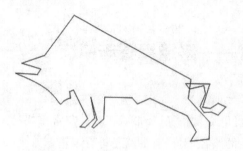

图 4-2 绘制牛的大致轮廓

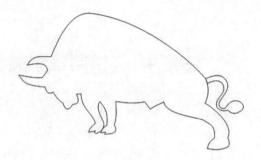

图 4-3 调整、圆滑图形

 **Step 4** 为绘制好的形状填充颜色，CMYK 值为（0，100，100，0）。使用"选择工具" 选中图形，并在属性栏中修改其轮廓宽度为"无"，效果如图 4-4 所示。

Step 5 使用工具箱中的"贝塞尔工具" 配合"形状工具" ，画一些剪纸式的纹路，置于红色的牛上，并填充白色，轮廓宽度为"无"，效果如图 4-5、图 4-6、图 4-7 所示。

图 4-4 完成颜色设置

图 4-5 头部剪纸纹路

图 4-6 腿部、臀部、尾部剪纸纹路

图 4-7 背部剪纸纹路

Step 6 使用"选择工具" 调整各剪纸纹路的位置，最终效果如图 4-1 所示。

相关知识

1.在 CorelDRAW X8 中，可以使用"矩形""手绘""选择全部节点"三种节点选择方式。

2.曲线上的节点有三种，分别是：尖突节点、平滑节点、对称节点。

尖突节点可用于在曲线对象中创建尖锐的过渡点，例如拐角或尖角。可以相互独立地在尖突节点中移动控制手柄，而且只更改节点一端的线条。

平滑节点,穿过节点的线条沿袭了曲线的形状,从而在线段之间产生平滑的过渡。平滑节点中的控制手柄相互之间是相反的,节点间的距离也不同。

对称节点类似于平滑节点。它们在线段之间创建平滑的过渡,但节点两端的线条呈现相同的曲线。对称节点的控制手柄相互之间是完全相反的,并且与节点间的距离相等。

可以使用快捷键来改变所选节点的类型。要将平滑节点改为尖突节点,或将尖突节点改为平滑节点,可按下 C 键;要将对称节点改为平滑节点或将平滑节点改为对称节点,可按下 S 键。

3."形状工具" 可以更改所有曲线对象的形状,曲线对象是指用手绘工具、贝塞尔工具、钢笔工具等创建的绘图对象,以及矩形、多边形和文本对象转换而成的曲线对象。形状工具对对象形状的改变,是通过对曲线对象的节点和线段的编辑来实现的。

选择工具箱中的"形状工具" ,然后在对象上选择多个节点,其属性栏如图 4-8 所示。属性栏中各选项的说明如下。

图 4-8　形状工具的属性栏

"选取模式"下拉列表:在该下拉列表中可以选择选取范围的模式。选择"矩形"选项,可以通过矩形框来选取所需的节点;选择"手绘"选项,则可以用手绘的模式来选取所需的节点。

"添加节点"按钮:在曲线对象上单击,出现一个小黑点,再单击该按钮,即可在该曲线对象上添加一个节点。

"删除节点"按钮:在对象上选择一个节点,再单击该按钮,即可将选择的节点删除。

"连接两个节点"按钮:如果在绘图窗口中绘制了一个未闭合的曲线对象然后选中起点与终点,再单击该按钮,即可使选择的两个节点连接在一起。

"断开曲线"按钮:该按钮的作用与"连接两个节点"按钮相反,先选择要分割的节点,然后再单击该按钮,即可将一个节点分割成两个节点。

"转换为线条"按钮:单击该按钮,可以将选择的节点与逆时针方向相邻节点之间的曲线段转换为直线。

"转换为曲线"按钮:单击该按钮,可以将选择的节点与逆时针方向相邻节点之间的直线段转换为曲线段。

"尖突节点"按钮:单击该按钮,可以通过调节每个控制点来使平滑节点或对称节点变得尖突。

"平滑节点"按钮:该按钮与"尖突节点"按钮的作用相反,单击该按钮可以将尖突节点转换为平滑节点。

"对称节点"按钮:单击该按钮,可以将选择的节点转换为两边对称的平滑节点。

"反转方向"按钮:单击该按钮,可以反转开始节点和结束节点的位置。

"提取子路径"按钮:如果一个曲线对象中包括了多个子路径,则在一个子路径上选择一个节点或多个节点时,单击该按钮,即可将选择节点所在的子路径提取出来。

"延长曲线使之闭合"按钮:如果在绘图窗口中绘制了一个未封闭曲线对象,并且选择了起点与终点,那么单击该按钮,则可以将这两个节点用直线段连接起来,从而得到一个封闭的曲线对象。

"闭合曲线"按钮：它的作用与"延长曲线使之闭合"按钮的作用相似，单击它可以将未封闭曲线闭合，不过区别是不用选择起点与终点两个节点。

"延展与缩放节点"按钮：先在曲线对象上选择两个或多个节点，然后单击该按钮，即可在选择节点的周围出现一个缩放框，用户可以通过缩放框上的任一控制点来调整所选节点之间的连线。

"旋转与倾斜节点"按钮：先在曲线对象上选择两个或多个节点，然后单击该按钮，即可在选择节点的周围出现一个旋转框。用户可以拖动旋转框上的旋转箭头或双向箭头，调整旋转节点之间的连线。

"对齐节点"按钮：如果在曲线对象上选择两个以上的节点，那么单击该按钮，即可弹出"节点对齐"对话框。根据需要在其中选择所需的选项，选择好后单击"确定"按钮，可将选择的节点按指定方向进行对齐。

"水平反射节点"按钮：单击该按钮，可编辑水平镜像的对象中的对应节点。

"垂直反射节点"按钮：单击该按钮，可编辑垂直镜像的对象中的对应节点。

"弹性模式"按钮：选择曲线对象上的所有节点，单击该按钮，可以局部调整曲线对象的形状。

"选择所有节点"按钮：单击该按钮可以选择曲线对象上的所有节点。

"减少节点"按钮：单击该按钮可以将选择曲线中所选节点的重叠或多余的节点删除。

"曲线平滑度"按钮：拖动滑块可以将曲线进行平滑处理。

任务 4-2　绘制三笑脸 LOGO 图标——修整对象

在 CorelDRAW X8 中，系统提供的修整对象工具主要有形状工具、智能绘图工具、贝塞尔工具以及属性栏中的对象按钮。

任务目标

1.掌握形状工具的使用方法。
2.学会形状工具的使用技巧。
3.掌握智能绘图工具的使用方法。
4.掌握对象修整的方法。

任务说明

本任务主要使用"椭圆形工具"、"选择工具"和"形状工具"制作"三笑脸 LOGO 图标"，效果如图 4-9 所示。

微 课

图 4-9 "三笑脸 LOGO 图标"效果　　　　绘制三笑脸 LOGO 图标

完成过程

Step 1　执行菜单栏中的"文件"→"新建"命令（或按 Ctrl＋N 快捷键），新建一个 A4
页面。

Step 2　按住 Ctrl 键的同时选择"椭圆形工具" ⬭ 绘制直径为 48 mm 的两个圆形，轮廓
色 CMYK 值分别为（0，100，0，0）和（100，20，0，0），轮廓宽度为 6 mm，无填充色，如图 4-10
所示。

Step 3　同理，绘制直径为 65 mm、轮廓色 CMYK 值为（100，0，100，0）、轮廓宽度为
8 mm、无填充色的圆形，如图 4-11 所示。

图 4-10　绘制两个圆形　　　　　　　　图 4-11　绘制第三个圆形

Step 4　选择"折线工具" ✎ 绘制两个三角形，填充色为（0，100，0，0），无轮廓色，形成笑
脸上面头发，如图 4-12 所示。

Step 5　选择"贝塞尔工具" ✐ 绘制两个刘海形状，填充色为（0，100，0，0），无轮廓色，如
图 4-13 所示。

Step 6　同理，选择"贝塞尔工具" ✐ 绘制其余两个笑脸的头发形状，填充色分别为
（100，20，0，0）和（100，0，100，0），无轮廓色，如图 4-14 所示。

图 4-12　绘制笑脸头发

图 4-13　绘制刘海形状

图 4-14　绘制其余两个笑脸头发

Step 7　选择"椭圆形工具" ◯ 绘制大小不同、部分叠加的两个椭圆形,选择"选择工具" ▶ 圈选这两个椭圆形,单击属性栏上的"移除前面对象"按钮 ◻ 形成如图 4-15 所示形状。

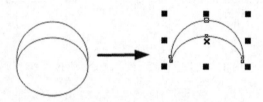

图 4-15　绘制笑脸的眼睛

Step 8　笑脸的眼睛填充色 CMYK 值为(0,100,0,0),无轮廓色,按 Ctrl+C 快捷键和 Ctrl+V 快捷键复制一个,向右移动形成一双眼睛,如图 4-16 所示。

Step 9　同理,绘制另一个笑脸的眼睛,如图 4-17 所示。

图 4-16　移动复制形成一双眼睛

图 4-17　绘制另一个笑脸的眼睛

Step 10　选择"椭圆形工具" ◯ 绘制大小不同、部分叠加的两个椭圆形,选择"选择工具" ▶ 圈选这两个椭圆形,单击属性栏上的"移除前面对象"按钮 ◻ 形成如图 4-18 所示形状,填充色 CMYK 值为(0,100,0,0),无轮廓色。

Step 11　同理,绘制其余两个笑脸的嘴巴,如图 4-19 所示。

Step 12　选择"贝塞尔工具" ✎ 绘制大笑脸的眼睛,轮廓色和填充色 CMYK 值均为 (100,0,100,0),轮廓宽度为 2.5 mm,如图 4-20 所示。

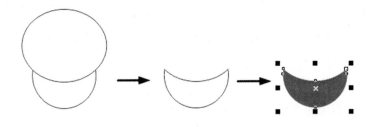

图 4-18　绘制笑脸的嘴巴

图 4-19　绘制其余两个笑脸的嘴巴

图 4-20　绘制大笑脸的眼睛

Step 13　选择"文本工具"字，选择 Arial 字体，输入"kids"，按 Ctrl＋Q 快捷键将文字转换为曲线，选择"智能填充工具"，四个字母的轮廓色和填充色 CMYK 值分别为(0,100,0,0)、(100,20,0,0)、(100,0,100,0)、(0,60,80,0)，轮廓宽度为 2 mm，形成如图 4-9 所示最终效果。

相关知识

1. 对象整形

对象的整形是通过"合并"、"修剪"、"相交"、"简化"、"移除后面对象"、"移除前面对象"和"创建边界"实现的，将两个或两个以上相互重叠的对象重新组合成新的形状。

（1）合并工具

"合并"可以将两个或两个以上对象焊接在一起，形成一个全新的对象。进行焊接的对象可以是重叠的，也可以是不重叠的。重叠的对象将结合在一起形成一个完整的新对象；不重叠的对象将会焊接成一个焊接组，用户可以利用"排列"→"拆分"命令将它们再次分离成独立的个体。

在 CorelDRAW X8 中，只有使用"选择工具"圈选对象才可使用属性栏的焊接功能。

在焊接对象时，如果用户是用圈选的方法选择多个对象，那么最后焊接的对象的属性将和最底层对象的属性保持一致；如果用户是用按住 Shift 键并单击多选的方法选择多个对象，那么最后焊接的对象的属性将和最后单击的那个对象的属性保持一致。

（2）修剪工具

"修剪" 可以将两个对象重叠的部分删除，从而达到更改对象形状的目的，修剪对象后，对象的填充等属性不会发生任何变化。

（3）相交工具

"相交" 可以得到两个或多个对象相交区域的图形。

（4）简化工具

"简化" 可以减去相交部分图形，处于底层的图形将被减去相交部分的图形。

（5）移除后面对象工具和移除前面对象工具

"移除后面对象" 、"移除前面对象" 除了减去相交部分图形外，同时还移除处于底层的对象。

（6）创建边界工具

"创建边界" 可以从多个图形共有轮廓创建一个新图形。多个图形可以重叠，也可以分离。

2. 对象结合与拆分

使用"结合"功能可以把不同的对象合并在一起，完全变为一个新的对象，结合后的对象转化成曲线。

（1）合并对象

如果对象在结合前有颜色填充，那么结合后的对象将显示最后选定的对象（目标对象）的颜色；如果结合的对象有相互重叠的部分，那么重叠部分被删除，其余部分成为一个曲线对象。它的使用方法与群组功能类似。具体操作方法如下：

A. 使用工具箱中的"选择工具" 选择要结合的对象。

B. 使用以下三种方法都可以实现对象的结合操作。

（a）执行菜单栏中的"排列"→"合并"命令。

（b）单击属性栏中的"合并" 按钮。

（c）右击，在出现的快捷菜单中选择"合并"菜单项。

（2）拆分对象

对于组合后的对象，可以通过"拆分"命令来取消对象的结合。拆分后，对象恢复独立，但颜色不能复原了。具体操作方法如下：

A. 使用工具箱中的"选择工具" 选择要拆分的对象。

B. 使用以下三种方法都可以实现对象的拆分操作。

（a）执行菜单栏中的"排列"→"拆分"命令。

（b）单击属性栏中的"拆分" 按钮。

（c）右击，在出现的快捷菜单中选择"拆分"菜单项。

3. 调整对象的顺序

在 CorelDRAW X8 中图形对象常常存在重叠关系，一般说来，后绘制的对象在上方。因此，调整对象的前后排序是经常要做的事。具体操作方法如下：

（1）使用工具箱中的"选择工具" ▶ 选择要调整顺序的对象。

（2）使用以下两种方法都可以实现对象顺序的调整。

A. 执行菜单栏中的"排列"→"顺序"命令。

B. 右击，在出现的快捷菜单中选择"顺序"菜单项。

"到图层前面"（Shift＋PageUp）：被选取对象调整到图层最前面。

"到图层后面"（Shift＋PageDown）：被选取对象调整到图层最后面。

"向前一层"（Ctrl＋PageUp）：被选取对象向上移一层。

"向后一层"（Ctrl＋PageDown）：被选取对象向下移一层。

"置于此对象前"：单击该命令后，鼠标变成粗黑箭头，单击某个对象后，被选取对象移到它前面。

"置于此对象后"：单击该命令后，鼠标变成粗黑箭头，单击某个对象后，被选取对象移到它后面。

拓展训练

训练 4-1 设计咖啡吧标志

训练要求：

利用"贝塞尔工具"与"形状工具"绘制如图 4-21 所示标志。

图 4-21 咖啡吧标志

步骤指导：

（1）使用工具箱中的"贝塞尔工具"绘制一个外轮廓。

（2）使用"形状工具"调整曲线。

（3）使用"矩形工具"和"形状工具"绘制顶端四个图形，并调整其顺序。

任务要求:

利用"修整工具"绘制如图 4-22 所示图标。

图 4-22　family 图标

步骤指导:

(1)使用"椭圆形工具"绘制一个椭圆形。

(2)使用"矩形工具"在椭圆形下半部分绘制一个矩形。

(3)使用"选择工具"圈选以上两个对象,单击属性栏中的"移除前面对象"。

(4)在修整的对象右下方绘制一个椭圆形。

(5)使用"选择工具"圈选以上两个对象,单击属性栏中的"移除前面对象"。

(6)在右上方绘制一个圆形,组合后填充(100,0,0,0)。

(7)移动、旋转、复制、填充成其他两个对象。

训练要求:

利用"椭圆形工具""修剪"命令绘制如图 4-24 所示剪纸效果。

图 4-24　"福"字剪纸

步骤指导:

(1)新建 A4 横向页面。

(2)使用"椭圆形工具"绘制一红色无轮廓,尺寸为 128 mm×128 mm 圆形,按 Ctrl＋C 快捷键复制,按 Ctrl＋V 快捷键原位粘贴一份,在属性栏将复制出来的圆形大小改为 110 mm×110 mm。

(3)使用"选择工具"圈选两个圆形,在属性栏中执行"修剪"命令,然后删除里面的小圆形,得到一个红色圆环。

(4)使用"矩形工具"绘制宽为 9 mm、高随意的矩形,选择圆环与矩形进行居中对齐操作。

(5)两个图形处于选中状态,在属性栏中执行"修剪"命令,然后删除矩形。

(6)绘制宽为 9 mm、高随意的无轮廓红色矩形,调整长度,摆放在适当位置。

(7)如效果图,再用矩形去修剪其他四个位置,最后全选,在属性栏中执行"合并"命令。

模块 5 轮廓与填充

职业素养

"业精于勤，荒于嬉；行成于思，毁于随。"制作矢量图形是一个脑力和体力结合的工种，善于思考和总结，对于制作出具有优秀创意的矢量作品至关重要至关重要。

教学目标

通过"设计飞鸟造型"和"制作古钱币效果图"两个任务的学习，掌握 CorelDRAW 软件提供的多种填充方式，包括均匀填充、渐变填充、图案填充、底纹填充、PostScript 填充以及交互式填充等。色彩填充和轮廓线编辑是表现美好图形的主要手段，掌握各种填充的使用方法，配合颜色泊坞窗，可以设计出色彩多变的作品。

教学要求

知识要点	能力要求	关联知识
轮廓笔工具	掌握	可以改变图形和文本文字的轮廓线样式、宽度、颜色和线型等
均匀填充	掌握	用于对图形图像内部进行单一的颜色填充
渐变填充	掌握	实现不同颜色之间的过渡变化效果
图案填充	掌握	选择重复图案为对象进行填充
底纹填充	掌握	为图形填充一个自然的外观，底纹填充只能使用 RGB 颜色
滴管工具	掌握	可以吸取对象的颜色、大小、位置以及各种效果属性
颜料桶工具	掌握	将吸取的信息应用到其他对象上

任务 5-1　设计飞鸟造型

在 CorelDRAW X8 中,可以使用"轮廓笔工具" 为绘制的图形设置有无轮廓和轮廓的粗细。

任务目标

1.掌握轮廓笔工具的使用方法。
2.掌握贝塞尔工具的使用方法。

任务说明

本任务主要通过使用贝塞尔工具、形状工具和轮廓笔工具制作"飞鸟造型",效果如图 5-1 所示。

图 5-1　"飞鸟造型"效果

设计飞鸟造型

完成过程

Step 1　执行菜单栏中的"文件"→"新建"命令(或按 Ctrl+N 快捷键),新建一个 A4 页面,并单击属性栏中的"横向" 按钮。

Step 2　使用工具箱中的"贝塞尔工具" 绘制一个如图 5-2(a)所示图形;按 F11 键,选择"均匀填充"选项卡,设置 CMYK 值为(0,60,100,0),如图 5-2(b)所示效果;选择绘制对象,在属性栏中选择轮廓宽度为"无",效果如图 5-2(c)所示。

Step 3　复制四份上面所绘制的曲线,并用"形状工具" 进行调整,将其中两个图形填充为黄色,CMYK 值为(0,0,100,0),并排列成如图 5-3 所示形状。

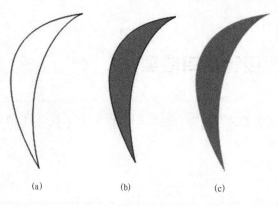

(a)   (b)   (c)

图 5-2　均匀填充效果　　　　　　　　　　　图 5-3　排列五个曲线图形

Step 4　使用工具箱中的"贝塞尔工具" 绘制一个如图 5-4(a)所示形状,并填充颜色,CMYK 值为(0,60,100,0)。使用"轮廓笔工具" 去除轮廓线,效果如图 5-4(b)所示。

(a)   (b)

图 5-4　曲线形状效果(1)

Step 5　使用工具箱中的"贝塞尔工具" 绘制一个如图 5-5(a)所示形状,并填充颜色,CMYK 值为(0,60,100,0),如图 5-5(b)所示。去除轮廓线,效果如图 5-5(c)所示。

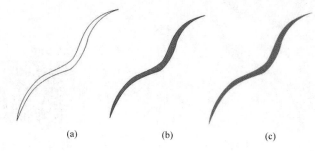

(a)   (b)   (c)

图 5-5　曲线形状效果(2)

Step 6　使用工具箱中的"选择工具" 对所绘图形进行编排,最后效果如图 5-1 所示。

相关知识

1."轮廓工具"用于配合基本绘图工具绘制线条与图形,使用"轮廓工具"可以改变图形和文本文字的轮廓线样式、宽度、颜色和线等。

2.调色板可以为对象应用各式各样的色彩,使用调色板,不但可以为对象内部填充色彩,还可以改变线条和轮廓边框的颜色。调色板有 RGB、CMYK、PANTONE 等多种色彩模式可供选择。

任务 5-2　制作古钱币效果图

　　选择工具箱中的"编辑填充"时会弹出"编辑填充"对话框,用户可以对渐变类型、中心位移、角度、颜色等参数进行设置。

任务目标

　　1.掌握线性渐变填充的使用方法。
　　2.掌握椭圆形渐变填充的使用方法。
　　3.掌握圆锥形渐变填充的使用方法。
　　4.掌握矩形渐变填充的使用方法。

任务说明

　　本任务主要通过使用"编辑填充"制作"古钱币",效果如图 5-6 所示。

图 5-6　"古钱币"效果

制作古钱币效果图

完成过程

　　Step 1　执行菜单栏中的"文件"→"新建"命令(或按 Ctrl＋N 快捷键),建立一个新的文件,设置其大小与方向属性,如图 5-7 所示。

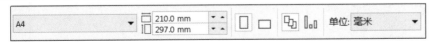

图 5-7　设置页面尺寸

　　Step 2　单击工具箱中的"椭圆形工具"，按住 Ctrl 键的同时在页面上绘制圆形,如图 5-8 所示。

　　Step 3　选择圆形,按 F11 键弹出"编辑填充"对话框,设置参数:"类型"为"线性渐变填充",旋转(角度)为 50.0°,如图 5-9 所示,从左到右渐变色的 CMYK 值分别为(0,60,80,0)、

$(0,0,60,0)$、$(0,60,80,0)$,其他参数不变。

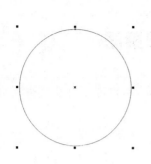

图 5-8 绘制圆形

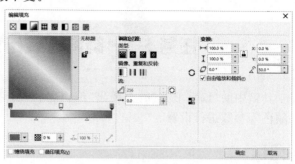

图 5-9 设置渐变填充参数(1)

Step 4 单击"确定"按钮,然后给圆形去除外框,效果如图 5-10 所示。

Step 5 选择渐变后的对象,按住 Shift＋Alt 键的同时用鼠标向里缩小,到合适的位置在不松开按键的同时单击鼠标右键复制对象。按 F11 键弹出"编辑填充"对话框,如图 5-11 所示,只改变旋转(角度)为－50°,其他参数不变。

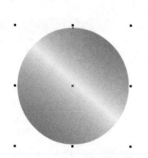

图 5-10 设置渐变填充效果

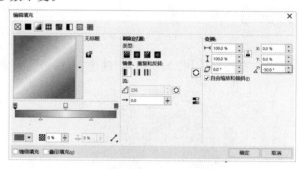

图 5-11 设置渐变填充旋转角度

Step 6 单击"确定"按钮,效果如图 5-12 所示。

Step 7 再次复制并缩小对象,按 F11 键弹出"编辑填充"对话框,设置参数:"类型"为"圆锥形渐变填充",旋转(角度)为 0.0°,如图 5-13 所示,其他参数不变。

图 5-12 缩小的圆形的渐变效果

图 5-13 设置渐变填充参数(2)

Step 8 单击"确定"按钮,效果如图 5-14 所示。

Step 9 选择工具箱中的"矩形工具" ☐ ,按住 Shift＋Ctrl 键的同时从中心向外绘制正方形,如图 5-15 所示。

图 5-14　再次复制缩小的圆形效果　　　　图 5-15　从中心向外绘制正方形

Step 10　选择正方形对象,按 F11 键弹出"编辑填充"对话框,设置参数:"类型"为"线性渐变填充",旋转(角度)为 50.0°,如图 5-16 所示,从左到右渐变色 CMYK 值分别为(0,60,80,0)、(0,0,60,0)、(0,60,80,0),其他参数不变。

Step 11　单击"确定"按钮,效果如图 5-17 所示。

Step 12　选择渐变后的对象,按住 Shift＋Alt 快捷键的同时用鼠标向里缩小,到合适的位置单击鼠标右键复制对象,然后将复制后的对象填充白色,如图 5-18 所示。

Step 13　选用工具箱中的"文本工具",在铜钱的上下左右方向分别输入"康熙通宝"四个字,设置文本字体为"方正隶书繁体","大小"为 150,设置效果如图 5-19 所示。

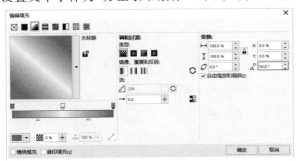

图 5-16　设置渐变填充参数(3)　　　　　　　图 5-17　正方形渐变填充效果

图 5-18　填充白色　　　　　　　　　　　图 5-19　输入文字

Step 14　选择文字对象,按 F11 键弹出"编辑填充"对话框,设置参数:"类型"为"椭圆形渐变填充",如图 5-20 所示,从左到右渐变色 CMYK 值分别为(0,60,80,0)、(0,0,60,0)、(0,60,80,0),其他参数不变。

Step 15　单击"确定"按钮,效果如图 5-21 所示。

Step 16　选择上面的文字,然后执行"位图"→"转换为位图"命令,弹出"转换为位图"对话框,如图 5-22 所示。

图 5-20 设置文字渐变填充参数　　　　　　图 5-21 文字渐变填充效果

Step 17 按图 5-22 所示设置参数，单击"确定"按钮，将文字对象转换为位图。

Step 18 依次执行"位图"→"三维效果"→"浮雕"命令，设置参数如图 5-23 所示。

图 5-22 "转换为位图"对话框　　　　　　图 5-23 "浮雕"对话框

Step 19 然后单击"确定"按钮，执行效果如图 5-24 所示。

Step 20 选择 Step 4 形成的圆形，单击工具箱中的"阴影工具"，给对象执行从左到右的交互式阴影操作，在属性栏中设置"阴影角度"为 0、"阴影的不透明度"为 32、"阴影羽化"为 15、"阴影颜色"为黑色，效果如图 5-6 所示。

相关知识

1. 渐变填充

渐变填充的主要作用是实现不同颜色之间的过渡变化效果，从而使被填充的对象符合日常的光照产生的色调变化，呈现出图形对象的立体感。

2. 图样填充

图样填充是选择重复图案为对象进行填充。

3. 底纹填充

底纹填充可以为图形填充一个自然的外观，底纹填充只能使用 RGB 颜色。

单击"底纹填充"对话框中的＋按钮，然后在"底纹名称"文本框中输入一个值，可以保存自定义的底纹填充。

4. PostScript 底纹图案

PostScript 底纹图案是一种特殊的图案，它是利用 PostScript 语言设计出来的。PostScript 填充不但纹路细腻，而且占用的空间也不大，非常适合于大面积的花纹设计。

5. 阴影工具

使用"阴影工具" 可以为对象添加阴影效果,并可以模拟光源照射对象时产生的阴影效果。在添加阴影时,可以调整阴影的透明度、颜色、位置及羽化程度,当对象外观改变时,阴影的形状也随之变化。

下面对"阴影工具"的属性栏进行简单介绍,如图 5-25 所示。

图 5-25 "阴影工具"属性栏设置浮雕效果

"阴影偏移":当在"预设"下拉列表中选择"平面右上"、"平面右下"、"平面左上"、"平面左下"、"小型辉光"、"中等辉光"或"大型辉光"时,该选项呈可用状态,可以在其中输入所需的偏移值。

"阴影角度" :用户可以在其中输入所需的阴影角度值。

"阴影延展" :该选项用于调整阴影的长度。

"阴影淡出" :该选项用于调整阴影边缘的淡出。

"阴影的不透明度" :可以在其文本框中输入所需的阴影不透明度值。

"阴影羽化" :在其文本框中可以输入所需的阴影羽化值。

"羽化方向" :在其下拉列表中可以选择所需的阴影羽化的方向。

"羽化边缘" :在其下拉列表中可以选择羽化类型。

"阴影颜色" :在其下拉调色板中可以设置所需的阴影颜色。

"合并模式":在其下拉列表中可以为阴影设置各种所需的模式。

6. 智能填充工具

"智能填充工具" 可以为对象应用普通的标准填充,还能自动识别重叠对象的多个交叉区域,并对这些区域应用色彩和轮廓的填充,在填充的同时,还能将填充的区域生成新的对象。

拓 展 训 练

训练 5-1   设计绿地房子插画

训练要求:

利用"编辑填充"绘制如图 5-26 所示插画。

步骤指导:

(1)使用"编辑填充工具"填充线性渐变背景。

(2)使用"椭圆形工具"绘制几个椭圆形并焊接,填充白色。

(3)使用"贝塞尔工具"绘制房屋、绿地和树并填充颜色。

图 5-26 绿地房子插画

训练 5-2　绘制友情卡片

训练要求：

利用线性渐变填充、图样填充、底纹填充和 PostScript 底纹填充绘制如图 5-27 所示卡片。

图 5-27　友情卡片

步骤指导：

(1)选择对象,按 F11 键,填充线性渐变背景。

(2)使用"椭圆形工具"绘制几个椭圆形,合并后填充白色。

(3)使用"贝塞尔工具"绘制房屋、绿地和树并填充相应颜色。

训练 5-3　绘制奥运五环图标

训练要求：

利用"椭圆形工具"和"修剪"命令绘制如图 5-28 所示奥运五环图标。

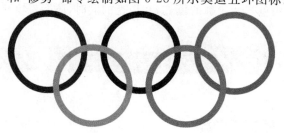

图 5-28　奥运五环图标

步骤指导：

(1)新建 A4 横向页面。

(2)用"椭圆形工具"绘制一蓝色无轮廓、尺寸为 65 mm×65 mm 的圆形,按 Ctrl＋C 快捷键复制,按 Ctrl＋V 快捷键原位粘贴一份,复制出来的圆形在属性栏大小改为 55 mm×55 mm。

(3)用"选择工具"圈选两个圆形,在属性栏中执行"修剪"命令,然后删除里面的小圆形,得到一蓝色圆环。

(4)按 Ctrl＋C 快捷键复制,按 Ctrl＋V 快捷键原位粘贴四份,分别改为黄色、黑色、绿色、红色,如图 5-28 所示移动到适当位置。

模块 6 对象编辑和辅助工具的使用

职业素养

"他山之石可以攻玉，借他人之力为自己所用，才是智者。"培养学生善于使用辅助工具的习惯是本模块的重点，善于思考、借力打力、团队合作，都是成功的优良品质。

教学目标

通过"设计巧克力包装盒展开图"和"设计牙膏盒展开图"两个任务的学习，掌握 CorelDRAW X8 软件提供的对象编辑、组织、安排功能，掌握相关辅助工具的使用方法，能够使用软件设计并创建规范整齐的理想图形。

教学要求

知识要点	能力要求	关联知识
变换工具	掌握	位置、旋转、缩放和镜像、大小、倾斜
对齐与水平分布	掌握	水平居中对齐、垂直居中对齐、左对齐、右对齐、顶端对齐、底端对齐，对齐对象到活动对象
属性栏	掌握	圆角、扇形角、合并、相交、移除对象
网格	掌握	是由一连串的水平和垂直点所组成，经常被用来协助绘制和排列对象
辅助线	掌握	可以创建任意条辅助线，来协助对齐和定位对象
标尺	掌握	可以帮助确定绘图中对象的大小和位置。可以根据工作需要重新设置标尺属性、标尺原点以及改变标尺的位置

任务 6-1　设计巧克力包装盒展开图——变换对象

在 CorelDRAW 中，无论是用户绘制的图形对象，还是导入的位图对象，都可以对它们进行移动、旋转、缩放、镜像、倾斜等变换操作，以符合设计需要。

任务目标

1. 掌握辅助工具的使用方法。
2. 掌握变换工具的基本使用方法。

任务说明

本任务主要通过使用变换工具、辅助工具设计巧克力包装盒展开图，效果如图 6-1 所示。

图 6-1　"巧克力包装盒展开图"效果

微课

设计巧克力包装盒

完成过程

Step 1 打开素材文件夹中的"02.cdr"文件,该文件包含一个页面,并且已利用辅助线在页面中设置好包装盒的平面布局,如图6-2所示。

Step 2 打开素材文件夹中的"01.cdr"文件,该文件包含两个页面:包装盒的正面和侧面图形,分别如图6-3和图6-4所示。

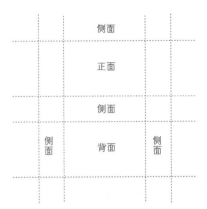

图6-2 包装盒平面布局图

图6-3 包装盒的正面图形

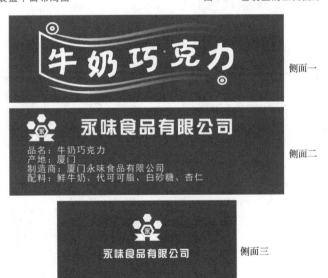

图6-4 包装盒的所有侧面图形

Step 3 选中包装盒正面图形所有元素,按 Ctrl+G 快捷键组成群组后,按 Ctrl+C 快捷键,然后切换到"02.cdr"文件窗口,按 Ctrl+V 快捷键将包装盒的正面图形复制到当前页,并放置在如图6-5所示位置。

图 6-5　复制包装盒正面

Step 4　保持正面图形的选中状态，执行菜单栏中的"窗口"→"泊坞窗"→"变换"→"位置"命令，打开"变换"泊坞窗，设置参数：Y 为 −250.0 mm，并勾选"相对位置"复选框，副本数选择 1，其他参数保持默认，单击"应用"按钮，将正面图复制并移至规划好的背面区域内，如图 6-6、图 6-7 所示。

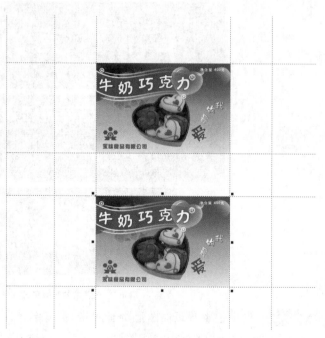

图 6-6　复制并移动正面图形　　　　　　　　　　图 6-7　复制并移动正面图形效果

Step 5　选中复制的正面图形，单击"变换"泊坞窗中的"旋转"按钮，设置参数：勾选"相对中心"复选框，旋转角度为 180.0°，Y 为 2.0 mm，其他参数保持默认，单击"应用"按钮，将复制的正面图形进行旋转，作为包装盒背面，如图 6-8、图 6-9 所示。

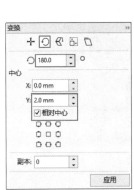

图 6-8　旋转复制正面图形　　　　　　　　　　图 6-9　旋转复制的正面图形效果

Step 6　切换到"01.cdr"文件的第 2 页,将侧面一和侧面二图形复制到"02.cdr"页面中,并在属性栏中的"旋转角度"编辑框中输入 180.0°,如图 6-10 所示,按 Enter 键,将两个图形垂直翻转,并放置在图 6-11 所示位置。

图 6-10　复制并旋转侧面一和侧面二图形　　　　图 6-11　复制并旋转侧面一和侧面二图形效果

Step 7　将侧面三图形复制到"02.cdr"页面中,在"变换"泊坞窗中单击"旋转"按钮,设置旋转角度为-90.0°,其他参数保持默认,如图 6-12 所示。单击"应用"按钮,将侧面三图形旋转-90°,并放置在如图 6-13 所示位置。

图 6-12　设置"变换"参数(1)　　　　　图 6-13　复制并旋转侧面三图形效果

Step 8 选中侧面三图形,在"变换"泊坞窗中单击"位置"按钮,设置参数:勾选"相对位置"复选框,X 为 340.0 mm,Y 为 0.0 mm,副本数设为 1,如图 6-14 所示,单击"应用"按钮,将侧面三图形复制并移至背面图形的右侧,如图 6-15 所示。

图 6-14　设置"变换"参数(2)　　　　　图 6-15　复制并移动侧面三图形效果

Step 9 选中复制的侧面三图形,在"变换"泊坞窗中单击"旋转"按钮,并设置旋转角度为 180.0°,如图 6-16 所示,单击"应用"按钮,将复制的侧面三图形水平翻转,如图 6-17 所示。这样,包装盒的 6 个面都做好了。

图 6-16　设置"变换"参数(3)　　　　　　图 6-17　水平翻转复制的侧面三图形效果

Step 10　下面制作包装盒的粘贴区域。利用"矩形工具" □ 在包装盒正面的右侧绘制一个填充色为 10% 黑色,无轮廓线的矩形,如图 6-18 所示。

Step 11　执行菜单栏中的"排列"→"转换为曲线"命令,将矩形转换为曲线,然后利用"形状工具" ⬚ 调整其形状,得到如图 6-19 所示效果。

图 6-18　绘制矩形　　　　　　　　　　图 6-19　调整形状

Step 12　选中 Step 11 中编辑好的曲线图形,然后利用"变换"泊坞窗将曲线图形水平复制并翻转,效果如图 6-20 所示。

Step 13　参照 Step 10～Step 12 的方法继续制作其他粘贴区域,效果如图 6-21 所示。

图 6-20　复制并翻转曲线图形　　　　　　　图 6-21　巧克力包装盒展开图

相关知识

1. 通过调整控制点变换对象

选中对象后,通过调整出现在对象上的控制点可以快速变换对象,包括:移动对象、缩放对象、镜像对象、旋转对象、倾斜对象。

2. 利用属性栏变换对象

选中对象后,利用属性栏可以对对象的移动位置、缩放比例、旋转角度及对象大小等进行精确的设定,按 Enter 键后即可按指定数值变换对象。

3. 使用"变换"泊坞窗编辑对象

使用"变换"泊坞窗不仅可以对各种变换操作进行精确设定,让操作变得更方便,而且还可以在变换的同时复制对象。选中对象后,选择"对象"→"变换"命令或"窗口"→"泊坞窗"→"变换"菜单中的子菜单项——"位置""旋转""缩放和镜像""大小""倾斜"可对对象进行相应的变换操作。

任务 6-2　设计牙膏盒展开图——编辑对象和使用辅助工具

在 CorelDRAW 中,系统提供了多种创建对象和对象副本的方法,如复制、再制、克隆等。另外,为了便于用户精确绘图,系统提供了标尺、网络和辅助线等辅助工具。

任务目标

1. 掌握辅助工具的使用方法。
2. 掌握变换工具的基本使用方法。

任务说明

本任务主要通过使用变换工具、辅助工具设计牙膏盒展开图,效果如图 6-22 所示。

图 6-22 "牙膏盒展开图"效果

微 课

设计牙膏盒展开图

完成过程

Step 1 新建一个横向的空白文档,页面尺寸为默认,然后将光标放置在水平和垂直标尺的交叉处,按住鼠标左键向页面的左上角拖动,将标尺原点设置在页面的左上角,如图 6-23 所示。

Step 2 牙膏包装盒的规格为 150 mm×40 mm×40 mm。首先在绘图页面中创建 8 条垂直辅助线和 6 条水平辅助线,划分包装盒的平面布局,如图 6-24 所示。8 条垂直辅助线的坐标从左至右依次为:25,35,65,75,225,235,265,275;6 条水平辅助线的坐标从上到下依次为:−20,−60,−100,−140,−180,−190。

图 6-23 更改标尺原点

图 6-24 用辅助线设置平面布局

Step 3 利用"矩形工具" □在侧面三区域绘制一个矩形,并在属性栏中精确设置位置和大小,然后将其填充为春绿色(CMYK:60,0,60,20),并取消轮廓线,如图 6-25 所示。

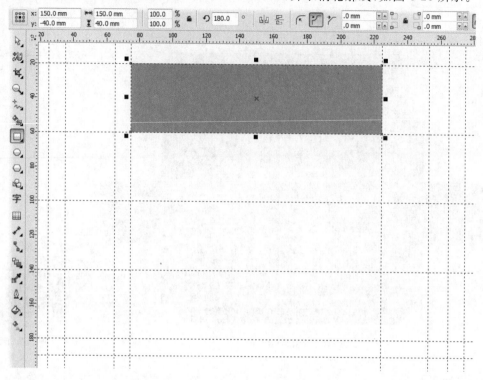

图 6-25　在侧面三区域绘制矩形

Step 4 利用"交互式填充工具" ◇将矩形的填充色更改为春绿色到草绿色(CMYK:60,0,40,40)的线性渐变效果,如图 6-26 所示。

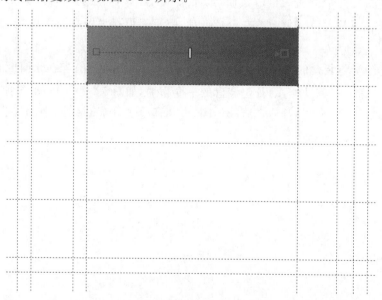

图 6-26　渐变填充矩形

Step 5 取消选取矩形,然后在"选择工具" ▶属性栏中的"再制距离"文本框中设置再制对象的位置:X 为 0,Y 为 −40,然后选中矩形,连续按三次 Ctrl+D 快捷键,将矩形复制三份,得到如图 6-27 所示效果。

图 6-27　再制矩形

Step 6　利用"交互式填充工具"◇编辑最下面两个矩形的线性渐变填充方向,效果如图 6-28 所示。

图 6-28　更改矩形的渐变填充方向

Step 7　下面制作包装盒粘贴区域。利用"矩形工具"□在如图 6-29 图所示位置绘制一个森林绿色(CMYK:40,0,20,60)的矩形,然后选择"对象"→"转换为曲线"命令,将矩形转换为曲线,再用"形状工具"调整其形状,调整完毕取消选取,得到如图 6-30 所示效果。

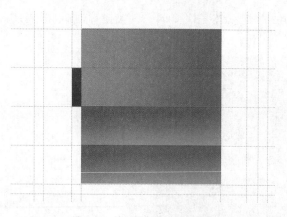

图 6-29　绘制矩形并调整其形状

图 6-30　绘制矩形并调整其形状效果

Step 8　在属性栏中的"再制距离"文本框中设置再制对象的位置：X 为 0，Y 为 −80，设置好后选中曲线图形，按 Ctrl＋D 快捷键，将图形复制到如图 6-31 所示位置。

Step 9　取消选择复制的曲线图形，然后重新设置再制距离，并同时选中两个曲线图形，按 Ctrl＋D 快捷键，将它们复制到如图 6-32 所示位置。

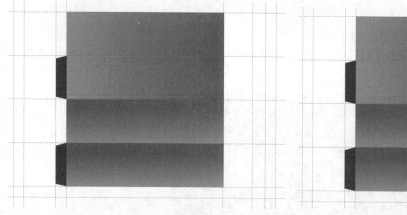

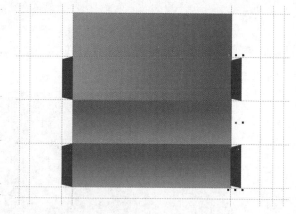

图 6-31　再制曲线图形(1)

图 6-32　再制曲线图形(2)

Step 10　单击属性栏中的"水平镜像"按钮 ，将 Step 9 中复制的两个曲线图形水平镜像，并取消选择，得到如图 6-33 所示效果。

图 6-33　水平镜像曲线图形

Step 11 利用"矩形工具" □ 在如图 6-34 所示位置绘制一个森林绿色的正方形,并利用辅助线精确设置其位置和大小。

图 6-34 绘制正方形

Step 12 取消选择正方形,在属性栏中设置再制距离,然后选中绘制的第一个曲线图形,按 Ctrl+D 快捷键,复制一个曲线图形到正方形的左侧,如图 6-35 所示。

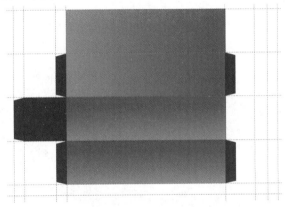

图 6-35 再制曲线图形(3)

Step 13 取消选择复制的曲线图形,在属性栏中重新设置再制距离,然后同时选中正方形与其左侧的曲线图形,按 Ctrl+D 快捷键,复制一组盒盖至包装盒的右侧,并单击属性栏中的"水平镜像"按钮 □ ,将盒盖水平镜像,效果如图 6-36 所示。

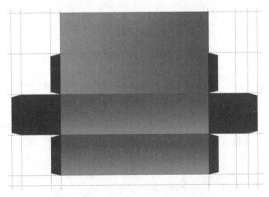

图 6-36 再制盒盖图形

Step 14 利用"矩形工具"□在如图 6-37 所示位置绘制一个填充色为森林绿色的矩形，然后将矩形转换为曲线，并利用"形状工具"调整其形状，制作出一个粘贴区，这样，包装盒整体布局图形就制作完成了。

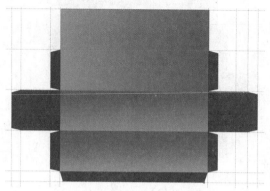

图 6-37 整体布局图形

Step 15 选择"视图"→"辅助线"命令，隐藏界面中的所有辅助线，查看整体效果。

Step 16 打开素材文件夹中的"01.cdr"文件，如图 6-38 所示，然后将其中的所有文字和图形复制到新文档中，并参照如图 6-39 所示将文字和图形放置在包装盒的相应位置，得到最终效果图。

图 6-38 素材文字和图形

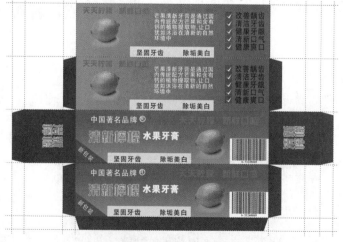

图 6-39 放置文字和图形

相关知识

1. 辅助工具

为了精确地绘制图形,CorelDRAW X8 提供了标尺、网格和辅助线等辅助工具。

(1)网格的使用和设置

网格是由一连串的水平点和垂直点组成的,经常被用来协助绘制和排列对象。在系统默认状态下,网格是不可见的。

执行菜单栏中的"视图"→"网格"→"文档网格"命令,可以在绘图页面中显示文档网格。

再次执行菜单栏中的"视图"→"网格"→"文档网格"命令,可隐藏网格。

执行菜单栏中的"视图"→"设置"→"网格和标尺设置"命令,打开"选项"对话框,单击左边树状菜单中的"网格",在此可设置网格密度、网格间距和网格显示方式(线或点)。

(2)标尺的使用和设置

标尺可以帮助确定绘图中对象的大小和位置。可以根据工作需要重新设置标尺属性、标尺原点和改变标尺的位置。

通过执行菜单栏中的"视图"→"标尺"命令,可以在绘图窗口中显示或隐藏标尺。

将鼠标的光标移至标尺左上角的"标尺原点" 图标上,按住鼠标左键并拖动,此时会出现十字虚线的标尺定位线。在需要的位置释放鼠标后,该处即成为新的标尺原点。如要还原到默认的标尺原点,双击 图标即可。

按住 Shift 键,将光标移至标尺上单击并拖动鼠标,可移动标尺至新位置(如拖动标尺左上角的 图标,可同时移动两个标尺)。如要将标尺还原到原始位置,只需按下 Shift 键,并使用鼠标双击任一标尺即可。

双击绘图窗口中的任意一个标尺,或执行菜单栏中的"视图"→"设置"→"网格和标尺设置"命令,单击左边树状菜单中的"标尺",将打开"选项"对话框。在该对话框中可以设置标尺的微调数值、单位,改变原点位置,选择刻度记号的间隔距离,还可以单击"编辑缩放比例"按钮,利用"绘图比例"对话框设置当前绘图比例。

(3)辅助线的使用和设置

可以从标尺创建辅助线。在绘图中可以创建任意条辅助线,来协助对齐和定位对象。辅助线的使用和设置方法如下:

创建辅助线。将鼠标的光标移到水平或垂直标尺上,单击并拖动鼠标到绘图窗口中的合适位置,然后释放鼠标左键,即可创建出一条水平或垂直辅助线。

通过执行菜单栏中的"视图"→"辅助线"命令,可显示或隐藏创建的辅助线。右击辅助线,从弹出的快捷菜单中选择"锁定对象"选项,可以锁定辅助线,从而防止编辑对象时误操作辅助线。右击辅助线,在弹出的快捷菜单中选择"解除对象"选项,可解除辅助线的锁定。

移动辅助线。将光标移到辅助线上单击并拖动鼠标即可。选中辅助线后,按 Delete 键可删除该辅助线。

旋转辅助线。当辅助线被选中并变成红色后,再次单击该辅助线,可进入其旋转模式,此时辅助线两端出现弯曲的双向箭头。将光标移至一端的旋转控制点上,待光标变为 形状时单击并沿顺时针或逆时针方向拖动,即可旋转辅助线。

2. 对象的镜像

镜像效果经常被应用到设计作品中。在 CorelDRAW X8 中,可以使用三种方法使对象沿水平、垂直或对角线的方向做镜像翻转。

(1)使用鼠标镜像对象

选择镜像对象,如图 6-40 所示,按住鼠标左键直接拖曳最左边控制手柄到相对的右边,直到显示对象的蓝色虚线框,如图 6-41 所示,松开鼠标左键就可以得到不规则的镜像对象,如图 6-42 所示。

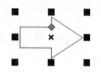

图 6-40　原图

图 6-41　镜像过程

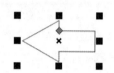

图 6-42　镜像后的图片

按住 Ctrl 键,直接拖曳左边或右边中间的控制手柄到相对的边,可以完成保持原对象比例的水平镜像。

(2)使用属性栏镜像对象

使用"选择工具"选取要镜像的对象,显示如图 6-43 所示的属性栏。

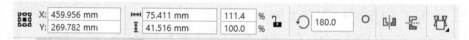

图 6-43　选择工具中的镜像属性

单击属性栏中的"水平镜像"按钮,可以使对象沿水平方向做镜像翻转。单击"垂直镜像"按钮,可以使对象沿垂直方向做镜像翻转。

(3)使用"变换"泊坞窗镜像对象

选取要镜像的对象,选择"窗口"→"泊坞窗"→"变换→"缩放和镜像"命令,或按 Alt＋F9 快捷键,弹出"变换"泊坞窗,单击"水平镜像"按钮,可以使对象沿水平方向做镜像翻转。单击"垂直镜像"按钮,可以使对象沿垂直方向做镜像翻转。设置好需要的数值,单击"应用"按钮即可看到镜像效果。

///////////////////////////// 拓 展 训 练 /////////////////////////////

训练 6-1　设计风车房风景图

训练要求:

利用变换、旋转等工具绘制如图 6-44 所示图形。

图 6-44　风车房风景图

步骤指导：

（1）打开素材文件夹中的"01-背景.cdr"。

（2）使用工具箱中的"图纸工具" 创建风车叶片。

（3）使用"矩形工具" 和"椭圆形工具" 创建风车房主体，使用"图纸工具" 创建栏杆和窗户。

（4）执行"窗口"→"泊坞窗"→"变换"→"旋转"命令，将风车叶片复制并旋转45°。

训练 6-2　设计牙膏盒展开图

训练要求：

使用矩形工具、变换功能制作如图 6-45 所示牙膏盒展开图。

图 6-45　牙膏盒展开图

步骤指导：

(1)创建新文件，设置文件尺寸为宽度 300 mm、高度 205 mm。

(2)添加水平辅助线：0，40，95，135，190，205。添加垂直辅助线：0，15，30，55，245，270，285，300。

(3)使用"矩形工具" ▢ ，结合贴齐辅助线，绘制牙膏盒形状。

(4)为底色填充制作 3 mm 的出血，使用属性栏中"合并" ⛶ 使填充区域组成一个整体。

(5)使用"矩形工具" ▢ 绘制红边框矩形，设置"扇形角"参数，制作内圆角矩形。

(6)导入文件"01-牙膏盒字体.cdr"中的文字，导入文件"02-山茶花.tif"中的山茶花图像，打开"变换"泊坞窗进行复制旋转。

模块 7　应用文本

"汉字是智慧和想象力的宝库",在矢量绘图中,制作出优美的文字效果是锻造出优美作品的重要前提。本模块的学习,将培养学生良好的艺术修养。

教学目标

本模块主要通过"设计化妆品广告"、"编排杂志内页"和"设计个人简历"三个任务,学习在 CorelDRAW X8 中文本的输入和导入、文本属性设置、导入图形、路径文字、文本特殊效果设置和表格工具的使用。

教学要求

知识要点	能力要求	关联知识
文本的输入	掌握	美术字文本和段落文本的创建方法
文本的导入	掌握	通过菜单栏命令导入文本文件
文本属性设置	掌握	在"文本属性"泊坞窗中进行字符、段落和图文框的设置
导入图形	掌握	通过菜单栏命令导入各种类型的图形,并调整大小和位置
在路径上输入文字	掌握	用贝塞尔(或钢笔)工具绘制路径,沿路径输入文字
文本特殊效果设置	掌握	通过菜单栏命令设置首字下沉等效果
表格的绘制	掌握	用表格工具绘制表格并进行设置

任务 7-1 设计化妆品广告——文本的输入与编辑

CorelDRAW X8 具有专业文字处理和编排复杂版式的强大功能,用户在 CorelDRAW X8 中要输入的文字主要包括两种类型,即"美术字文本"和"段落文本"。

使用工具箱中的"文本工具"**字**,在页面中单击,输入相应的文本就是美术字文本,使用工具箱中的"文本工具"**字**,在页面中按住鼠标左键不放的同时拖曳鼠标,拖出一个大小合适的"段落文本输入框",这时输入的文本就是段落文本。

任务目标

1.掌握美术字文本的输入方法与编辑。
2.掌握段落文本的输入方法与编辑。
3.掌握导入图形和调整大小位置的方法。

任务说明

本任务主要通过文本工具、文字属性设置、轮廓笔工具和导入图形命令等进行设计,完成后效果如图 7-1 所示。

图 7-1 "化妆品广告"效果   设计化妆品广告

完成过程

Step 1 执行菜单栏中的"文件"→"新建"命令(或按 Ctrl＋N 快捷键)新建一个 A4 页面,宽度为 370 mm,高度为 185 mm。

Step 2 执行菜单栏中的"文件"→"导入"命令,将素材文件夹中的"背景.jpg"、"LOGO.jpg"、"化妆品.psd"和"树叶.psd"依次导入当前页面。

Step 3 选择"背景"图片,按下 Shift+PageDown 快捷键将其调整至所有图形的下方,然后将图片大小调整为与页面相同的大小,并与页面对齐,依次调整其他图形的大小和位置,调整后的效果如图 7-2 所示。

Step 4 使用工具箱中的"选择工具" ![箭头] 点选"化妆品"图片,使用工具箱中的"阴影工具" ![阴影图标] 为化妆品图形添加如图 7-3 所示的阴影效果。

Step 5 使用工具箱中的"文本工具" **字** 在画面的右上方输入如图 7-4 所示的黑色文字。

Step 6 使用工具箱中的"形状工具" ![形状图标] 圈选如图 7-5 所示的文字节点,将"美"字选中,在"调色板"的"洋红色,CMYK 值为(0,100,0,0)"色块上单击,将文字的颜色改为洋红色。

图 7-2 各图形调整后的大小和位置

图 7-3 添加阴影效果

图 7-4 输入文字(1)

图 7-5 选择文字状态

Step 7 使用工具箱中的"形状工具" ![形状图标] 将"丽"字选中,并将其颜色改为酒绿色,CMYK 值为(40,0,100,0),然后设置属性栏中的各项参数如图 7-6 所示,"丽"字调整后的形状如图 7-7 所示。

图 7-6 文字属性设置

Step 8 用与 Step 7 相同的方法,依次对"肌"和"肤"字进行调整,最终效果如图 7-8 所示。其中"肌"的颜色为橘红色,CMYK 值为(0,60,100,0),"肤"的颜色为紫色,CMYK 值为(20,80,0,20)。

图 7-7 "丽"字调整后的形态

图 7-8 调整后的文字效果

Step 9 使用工具箱中的"阴影工具" ![阴影图标] 为"美丽肌肤"文字添加阴影效果,然后将属性栏进行如图 ![属性设置图标] 设置,阴影的颜色设置为红色,如图 7-9 所示。

Step 10 用与 Step 5～Step 9 相同的方法制作出如图 7-10 所示的文字效果。

图 7-9 为文字添加的阴影效果　　　　　　　　　　图 7-10 制作的文字

Step 11 使用工具箱中的"文本工具"**字**输入如图 7-11 所示的黑色文字,然后为其添加白色的外轮廓。

Step 12 选择工具箱中的"轮廓笔"，弹出"轮廓笔"对话框,设置各选项如图 7-12 所示。单击"确定"按钮,得到如图 7-13 所示效果。

图 7-11 输入文字(2)

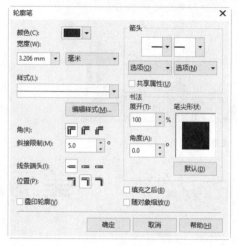

图 7-12 设置轮廓笔选项

Step 13 按键盘数字区的"＋"键,将文字在原位置复制,将复制的文字填充色改为黄色,CMYK 值为(0,0,100,0),轮廓色改为黑色,轮廓宽度改为 1 mm,效果如图 7-14 所示。

图 7-13 修改轮廓属性后的效果 　　　　　　　　　　图 7-14 复制出的文字

Step 14 使用工具箱中的"文本工具"**字**输入如图 7-15 所示的黑色文字,轮廓色为白色。

Step 15 使用工具箱中的"文本工具"**字**在页面下方按下鼠标拖曳出一个文本框,输入如图 7-16 所示黑色文字。

图 7-15 输入黑色文字 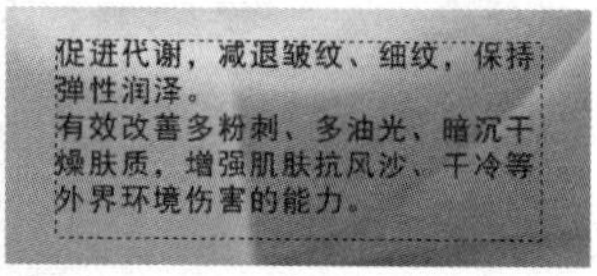　　　　　　　　　　图 7-16 在文本框中输入文字

Step 16 使用工具箱中的"矩形工具"□绘制出紫色,CMYK 值为(20,80,0,20)的小正方形,并将其在垂直方向上复制,效果如图 7-17 所示。

Step 17　选择工具箱中的"文本工具"**字**，在页面右下方单击，输入如图 7-18 所示的文本。

图 7-17　添加小正方形

图 7-18　输入文字(3)

相关知识

1. 美术字文本与段落文本的转换。美术字文本和段落文本的属性有区别，各有各的特点。有的效果用美术字文本能够制作出来，而段落文本却制作不出来，如"文本适合路径"这种效果；反之段落文本可以制作"文本环绕对象"，美术字文本却制作不出来。

选择美术字文本，执行菜单栏中的"文本"→"转换到段落文本"命令，即可将美术字文本转换为段落文本。

选择段落文本，执行菜单栏中的"文本"→"转换为美术字"命令，即可将段落文本转换为美术字文本。

2. 文本转换为曲线。使用"选择工具"↖可以将文本转换为曲线，右键单击文本，然后单击"转换为曲线"，文本转换为曲线后，就不能再对其进行编辑。

3. 项目编号。在页面中输入一段文字，选中文本的段落内容，执行菜单栏中的"文本"→"项目编号"命令，在打开的"项目编号"对话框中即可为文本添加项目编号。

任务 7-2　编排杂志内页——文本的输入和设置

在 CorelDRAW X8 中除了用"美术字文本"和"段落文本"方式输入文本外，还可通过执行菜单栏中的"文件"→"导入"命令直接导入文本。

在文本中可以导入图形，并设置文字沿图形环绕。

用贝塞尔(或钢笔)工具绘制路径，可以让文字沿路径排列。

还可以对文字做一些特殊处理，比如首字下沉等。

任务目标

1. 掌握用菜单命令导入文本的方法。
2. 掌握导入图形并设置文字沿图形环绕的方法。
3. 掌握文字沿路径排列的设置方法。
4. 掌握首字下沉的设置方法。

任务说明

本任务主要通过使用文本工具、图文混排、文本环绕图片和首字下沉等功能编排杂志内页,完成后效果如图 7-19 所示。

编排杂志内页

图 7-19 "杂志内页"效果

完成过程

Step 1 执行菜单栏中的"文件"→"新建"命令(或按 Ctrl＋N 快捷键)新建一个 A4 页面。

Step 2 双击工具箱中的"矩形工具" □ ,绘制一个与页面大小一样的矩形。

Step 3 按 F11 键打开"编辑填充"对话框,"类型"为"线性渐变填充",设置 CMYK 值从 $(0,0,0,0)$ 到 $(0,0,20,0)$,旋转(角度)为 90.0° ,效果如图 7-20 所示。

Step 4 在页面中拖曳出几条辅助线,如图 7-21 所示,确定版心的位置。

图 7-20 填充渐变色

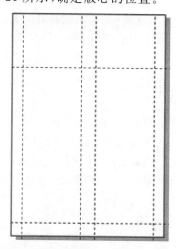

图 7-21 拖出辅助线

Step 5 执行菜单栏中的"文件"→"导入"命令，导入文本文件"秀色可餐的云南鲜花菜.doc"，在左边的辅助线区域中拖曳鼠标导入，调整大小，如图 7-22 所示。

Step 6 文本并未显示完，再用"文本工具" **字** 绘制出另一个文本框，如图 7-23 所示。

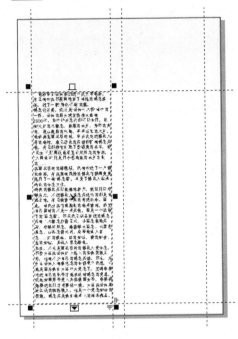

图 7-22　导入文本

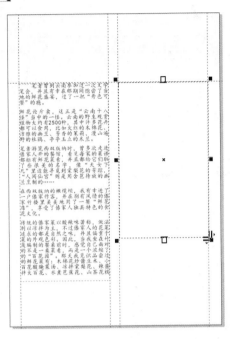

图 7-23　绘制另一个文本框

Step 7 使用工具箱中的"文本工具" **字** 单击左边文本框下面的黑色三角形，并将鼠标移到新的文本框中变为黑色箭头，如图 7-24 所示，单击鼠标，得到如图 7-25 所示效果。

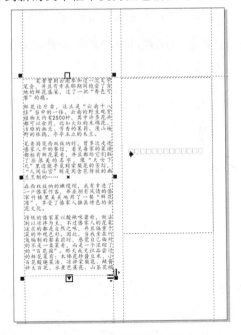

图 7-24　鼠标移到新文本框

图 7-25　单击鼠标效果

Step 8 执行菜单栏中的"文本"→"文本属性"命令,在打开的"文本属性"泊坞窗中选择"段落"选项卡,调整首行缩进量为 8 mm,行距为 130%,段前间距为 180%,段后间距为 180%,字符间距为 20%,效果如图 7-26 所示。

Step 9 使用工具箱中的"贝塞尔工具" 在页面顶部绘制一条如图 7-27 所示的路径。

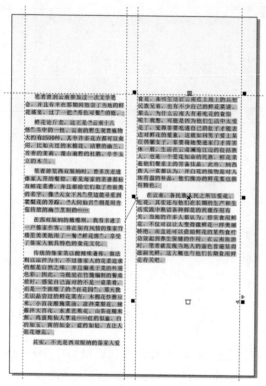

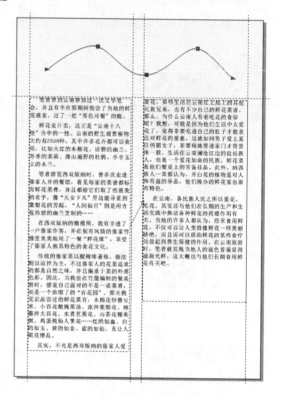

图 7-26　设置文本属性后的效果　　　　图 7-27　绘制一条曲线路径

Step 10 使用工具箱中的"文本工具"**字**单击路径的起始位置,输入"秀色可餐的云南鲜花菜",在属性栏中选择合适的字体并设置文字大小和颜色,效果如图 7-28 所示。

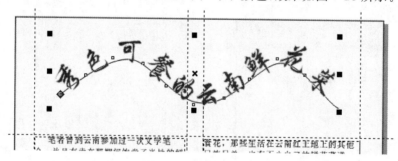

图 7-28　沿路径输入文字

Step 11 使用工具箱中的"形状工具"选中路径,按 Delete 键将路径删除。

Step 12 执行菜单栏中的"文件"→"导入"命令,将素材文件夹中的"1.jpg"导入页面,并调整图片的顺序使其置于标题下方,效果如图 7-29 所示。

Step 13 选择工具箱中的"透明度工具",在"透明度类型"中选择"标准",在"开始透明度"中输入 60,效果如图 7-30 所示。

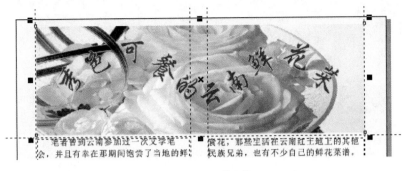

图 7-29　导入图片文件 1

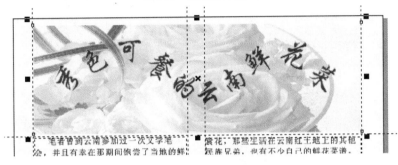

图 7-30　调整图片透明度

Step 14　导入素材文件夹中的"2.jpg",调整图片大小及位置,在该图片上右击,在弹出的快捷菜单中选择"段落文本换行"菜单项,调整图片的位置,效果如图 7-31 所示。

图 7-31　设置段落文本环绕图形

Step 15　导入素材文件夹中的"3.jpg",调整图片大小及位置,选择工具箱中的"透明度工具" ，在"透明度类型"中选择"标准",在"开始透明度"中输入 90,效果如图 7-32 所示。

Step 16　继续导入素材文件夹中的"4.jpg",调整图片大小及位置,效果如图 7-33 所示。

Step 17　选中第一段,执行菜单栏中的"文本"→"首字下沉"命令,打开"首字下沉"对话框,如图 7-34 所示,勾选"使用首字下沉"复选框,下沉行数为"2",效果如图 7-35 所示。

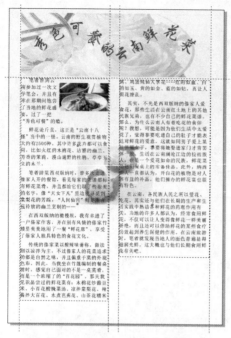

图 7-32　导入图片文件 3 并设置透明度

图 7-33　导入图片文件 4

图 7-34　"首字下沉"对话框

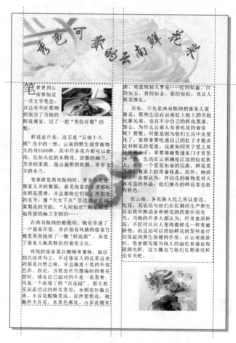

图 7-35　"杂志内页"最终效果

相关知识

1. 选中删除路径后的文本,选择菜单栏中的"文本"→"矫正文本"命令,可以将文本恢复到原来输入时的状态。

2.在 CorelDRAW 中,可以将文本放入图形对象中:选中要置入文本的图形对象,选择"文本工具"字并将光标移至图形上,当光标呈现"工"字形时单击鼠标左键,图形对象内部产生虚线文本框架,此时在文本框内输入文字或粘贴事先创建好的文本即可。

3."文本"菜单中除了以上任务用到的"首字下沉"外,常见的还有"项目符号"和"文本分栏"等,用户可以在文本的每一段落前添加项目符号,并且还可以修改项目符号的图形,可以为选中的文本设置栏数、宽度和栏间宽度。

任务 7-3 设计个人简历——绘制表格

表格工具主要用于在图像文件中绘制表格图形。表格工具的使用方法非常简单:选择表格工具后,在绘图窗口中拖曳鼠标,即可绘制出表格,绘制后还可在属性栏中修改表格的行数、列数并能进行单元格的合并和拆分等。

任务目标

1.掌握使用表格工具绘制表格和属性设置的方法。
2.掌握使用文本工具在表格中输入文字和居中设置的方法。

任务说明

本任务主要通过使用表格工具、文字工具等制作个人简历表,效果如图 7-36 所示。

个人简历

姓名		性别		民族		
出生年月		籍贯		政治面貌		相片
身份证号			参加工作时间			
学历		学位		职称		
工作单位				职务		
通信地址						
个人简历						
何时何地受到何种奖励						

图 7-36 "个人简历"效果

微课

设计个人简历

完成过程

执行菜单栏中的"文件"→"新建"命令（或按 Ctrl＋N 快捷键）新建一个 A4 页面。

选择工具箱中的"表格工具"田，并在属性栏中设置行数为 8、列数为 7。

在页面打印区域中按住鼠标左键拖曳，绘制出如图 7-37 所示的表格。

选择属性栏中的"边框"选项右侧的"外部"田 按钮，然后将其右侧的轮廓宽度设置为 1.0 mm，如图 7-38 所示。

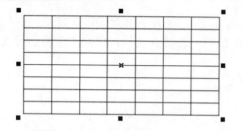

图 7-37　绘制表格　　　　　　　　　　图 7-38　设置外边框宽度

选择属性栏中的"边框"选项右侧的"内部"按钮 田，然后将其右侧的轮廓宽度设置为 0.5 mm，如图 7-39 所示。

选择工具箱中的"表格工具"田，将鼠标移动到表格自左向右的第 3 条边线上，当鼠标光标出现双向箭头时按下鼠标左键并向左拖曳，如图 7-40 所示。

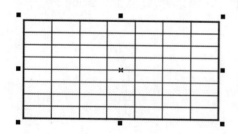
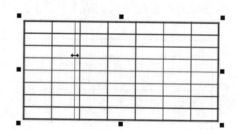

图 7-39　设置内边框宽度　　　　　　　　图 7-40　调整内部线的位置

至合适位置后释放鼠标左键，调整单元格大小后的效果如图 7-41 所示。

用 Step 6～Step 7 相同的方法，分别对其他竖向的边线进行调整，如图 7-42 所示。

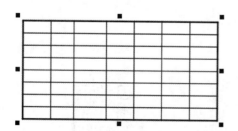
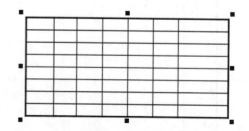

图 7-41　移动边线后的效果　　　　　　　图 7-42　调整各边线后的效果

Step 9 用 Step 6～Step 7 相同的方法移动表格自下向上的第 1、2 条边线,如图 7-43 所示。

Step 10 按住鼠标左键从左上角向右下角拖曳,选择如图 7-44 所示的单元格。

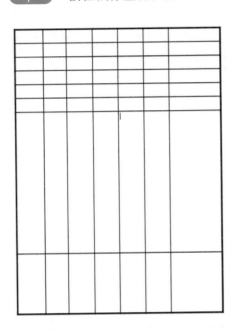

图 7-43 移动两条边线

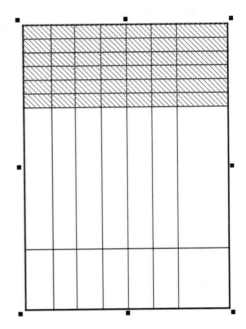

图 7-44 选择单元格(1)

Step 11 在选中的单元格上右击,在弹出的快捷菜单中依次选择"分布"→"行均分"命令,将选择的单元格各行均匀分布,如图 7-45 所示。

Step 12 使用工具箱中的"表格工具"⊞选择如图 7-46 所示的单元格。

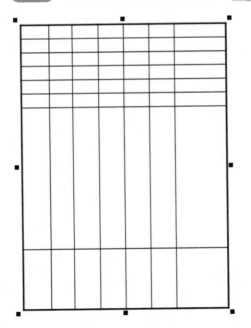

图 7-45 各行均匀分布后的效果

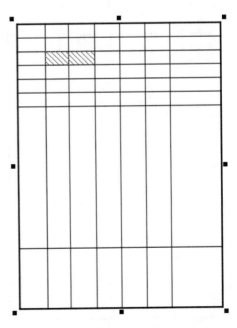

图 7-46 选择单元格(2)

Step 13 在选中的单元格上右击,在弹出的快捷菜单中选择"合并单元格"命令,将两个单元格合并为一个单元格,如图 7-47 所示。

Step 14 用与 Step 12～Step 13 相同的方法,对需要进行合并的单元格进行选择并合并,最终效果如图 7-48 所示。

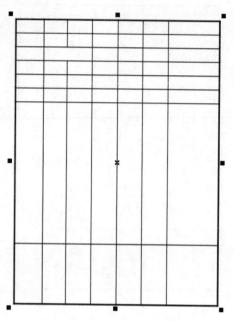

图 7-47 合并后的单元格

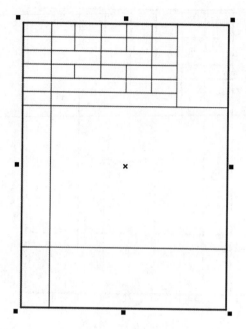

图 7-48 多个单元格合并后的效果

Step 15 使用工具箱中的"文本工具"**字**单击左上角的单元格,输入如图 7-49 所示的"姓名"文字。

Step 16 用与 Step 15 相同的方法依次输入如图 7-50 所示的文字。

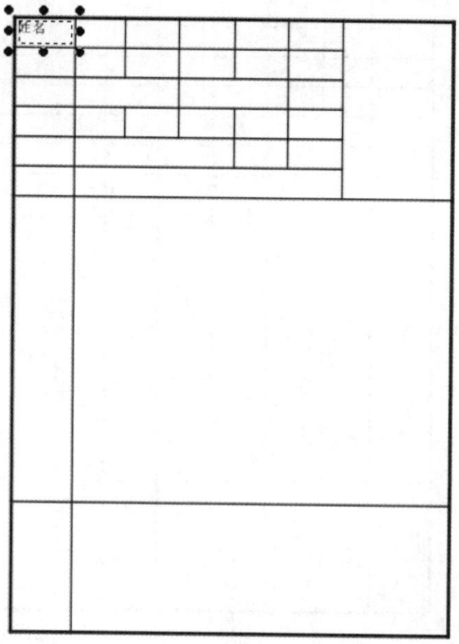

图 7-49 输入文字(4)

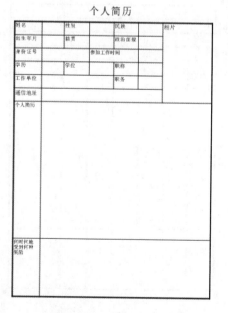

图 7-50 输入全部文字

Step 17　使用工具箱中的"选择工具" 圈选整个表格,执行菜单栏中的"文本"→"文本属性"命令,在弹出的"文本属性"泊坞窗中选择"段落"选项卡,单击"居中"按钮 ,将文字在水平方向上居中对齐,再单击"图文框"选项卡中的"垂直对齐"按钮 ,弹出的列表中选择"居中垂直对齐"命令,将文字在垂直方向上居中对齐,调整文字在单元格中对齐方式后的效果如图7-36所示。

相关知识

本任务包含用"表格工具"绘制表格并进行相关编排和用"文本工具"填入文字并进行水平和垂直居中对齐的基本操作。

在"表格工具"的属性栏中还可以做以下设置:

1.单击背景: 按钮改变整个表格的填充颜色或取消填充。

2."编辑填充"按钮 是在为表格添加背景后才可用,单击此按钮可在弹出的"均匀填充"对话框中编辑颜色。

3.单击"轮廓颜色"按钮可在弹出的颜色列表中选择边框的颜色。

4.单击"轮廓笔"按钮 将弹出"轮廓笔"对话框,用于设置边框轮廓的其他属性,如将边框设置为虚线等。

拓 展 训 练

训练7-1　设计化妆品广告

训练要求:

利用导入图片命令、矩形工具和文本工具等功能设计化妆品广告,效果如图7-51所示。

图7-51　化妆品广告

步骤指导:

(1)执行菜单栏中的"文件"→"导入"命令导入LOGO和相关图片。

(2)使用"矩形工具"绘制白色矩形。

(3)使用"文本工具"输入文字,设置文字字体、大小和颜色。

训练 7-2　绘制收据表单

训练要求：

利用表格工具、文本工具绘制收据表单，效果如图 7-52 所示。

<h1 style="text-align:center">订报收据</h1>

户名			电话	
详细地址				
报刊名称	订阅份数	月份	价格	备注：
人民币（大写）	仟　　佰　　拾　　元　　角　　分			

图 7-52　收据表单

步骤指导：

(1)使用"表格工具"绘制表格并进行设置。

(2)使用"文本工具"填入文字。

模块 8　应用交互式与特殊效果

　　我们要把做的事看成有灵气的生命体,在作图时往矢量图形里注入特殊效果,是使图形更有灵气的重要基础。本模块的学习,将培养学生精益求精的优良品质。

教学目标

　　通过"绘制珍珠项链"、"设计立体空间效果"和"绘制手提袋立体效果图"三个任务的学习,掌握 CorelDRAW X8 软件提供的强大的交互式效果。多种交互式工具的应用能使矢量图产生特殊的效果。

教学要求

知识要点	能力要求	关联知识
交互式调和	掌握	在两个或多个对象之间产生形状和颜色上的过渡
交互式轮廓图	掌握	由对象的轮廓向内或向外放射而形成同心图形效果
交互式变形	掌握	对所选对象进行各种不同效果的变形
交互式阴影	掌握	为对象增加阴影效果,使对象产生较强的立体感
交互式封套	掌握	为对象提供一系列简单的变形效果,产生各种形状的变形效果
交互式立体化	掌握	为对象添加三维效果,使对象具有很强的纵深感和空间感
交互式透明度	掌握	为对象创建透明图层的效果
透镜效果	掌握	使对象在镜头的影响下产生各种不同的效果
精确剪裁对象	掌握	将一个对象准确地内置于另一个容器对象中

任务 8-1　绘制珍珠项链——交互式工具应用之一

CorelDRAW X8 拥有丰富的图形编辑功能，各式各样交互式工具的应用更能使矢量图产生特殊的效果。交互式工具可以为对象直接应用调和效果、轮廓图效果、变形效果、阴影效果、封套效果、立体化效果和透明度效果。

任务目标

1. 掌握交互式填充工具的使用方法。
2. 掌握调和工具的使用方法。
3. 掌握调和工具的路径设置方法。
4. 掌握阴影工具的使用方法。

任务说明

本任务主要通过使用调和工具和阴影工具制作"珍珠项链"，效果如图 8-1 所示。

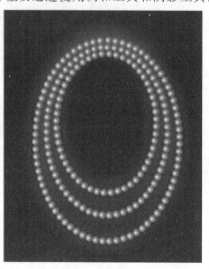

图 8-1　"珍珠项链"效果

绘制珍珠项链

完成过程

Step 1　执行菜单栏中的"文件"→"新建"命令（或按 Ctrl＋N 快捷键）新建一个文件，选择工具箱中的"椭圆形工具" ○，按住 Ctrl 键画出一个圆形。然后选择"交互式填充工具" ◇，在圆形上拉出一个从紫色到白色的椭圆形渐变,这里紫色的 CMYK 值为(20,80,0,20),完成一颗珍珠的绘制,如图 8-2 所示。

Step 2 将圆形轮廓设为无,按 Ctrl＋D 快捷键复制一个。使用工具箱中的"调和工具" ,在两颗珍珠间拉出一个调和,如图 8-3 所示。

Step 3 使用工具箱中的"椭圆形工具" 画一个椭圆形作为新路径。用"调和工具" 选中珍珠,在属性栏上单击"新路径",鼠标会变成弯曲的箭头状,如图 8-4 所示。

Step 4 此时在椭圆形上单击一下,珍珠就以椭圆形为新路径了,如图 8-5 所示。

Step 5 在属性栏上设置一个合适的步长值,直到珍珠布满整个圆环,如图 8-6 所示。

图 8-2　绘制一颗珍珠

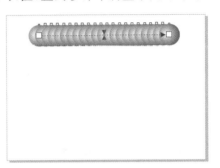

图 8-3　在两颗珍珠间拉出一个调和

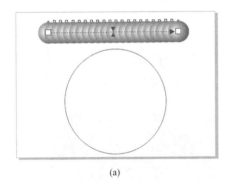

(a)

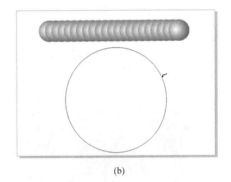

(b)

图 8-4　绘制新路径

图 8-5　珍珠以椭圆形为路径

图 8-6　调整步长值

Step 6　使用工具箱中的"选择工具" 调整圆环至形状，就成了一个简单的项链，如图
8-7 所示。

Step 7　复制出另外两条项链，将它们的椭圆路径拉长一些并相应地增加珍珠的步长
值，如图 8-8 所示。

图 8-7　调整为一个简单的项链

图 8-8　复制出另外两条项链

Step 8　分别选择这三条路径，在属性栏中设置路径轮廓宽度为"无"，用"矩形工具"
画一个大矩形，填充黑色，放在最下层作为背景，如图 8-9 所示。

Step 9　选中三条珍珠项链并按 Ctrl＋G 快捷键群组。使用工具箱中的"阴影工具"
在项链上拉出一个阴影，阴影颜色为白，形成了珍珠的辉光。具体设置如图 8-10 所示。

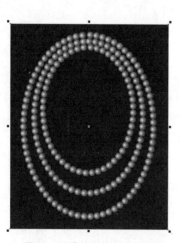

图 8-9　设置路径轮廓和背景

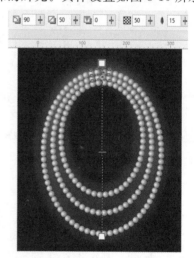

图 8-10　设置阴影参数

相关知识

1. 将对象调和后，利用"调和工具" 的属性栏可以对调和效果参数进行调整。

单击属性栏中的"调整加速大小"按钮 ，可以控制调和时的对象大小加速属性。

2. 设置好调和效果后，还可以将其沿特定路径进行调和。

　　要观察调和对象的路径,可选择"路径属性"→"显示路径"命令,此时路径将处于选中状态;要将填入路径后的调和对象从路径上分离出来,则先选中该调和对象,然后在右键菜单中选择"从路径分离"命令即可。

　　3.使用工具箱中的"调和工具" 🖇 分别选中并拖动起始对象和终点对象,也可以改变调和对象在路径上的分布。

　　4.和创建交互式调和效果不同的是,轮廓图效果只需要在一个图形对象上就可以完成。

　　5.制作出轮廓图效果后,还可以利用"轮廓图工具" 🔲 的属性栏进行更多的参数设置。

　　6.使用"清除变形"按钮 ✻ 可以清除对象上应用的变形效果,可使对象恢复到变形前的状态。

任务 8-2　设计立体空间效果——交互式工具应用之二

任务目标

　　1.掌握添加透视的方法。
　　2.掌握位图颜色遮罩的使用方法。
　　3.掌握透明度工具的使用方法。

任务说明

　　本任务主要通过使用添加透视、位图颜色遮罩、交互式工具制作"立体空间效果",效果如图 8-11 所示。

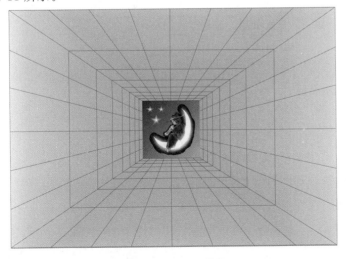

图 8-11　立体空间效果

微课

设计立体空间效果

完成过程

Step 1 执行菜单栏中的"文件"→"新建"命令（或按 Ctrl＋N 快捷键）建立一个新的文件，设置页面属性如图 8-12 所示。

图 8-12 设置页面属性

Step 2 在工具箱中选择并双击"矩形工具" ☐ ，绘制一个与页面大小相同的矩形对象，如图 8-13 所示。

图 8-13 绘制矩形

Step 3 选择绘制的矩形对象，按 F11 键，打开"编辑填充"对话框，设置参数："类型"为"矩形渐变填充"，旋转（角度）为 90.0°，CMYK 值依次为（0,0,0,10）、（0,0,0,20）、（0,0,0,30）、（0,0,0,40），其他参数设置如图 8-14 所示。

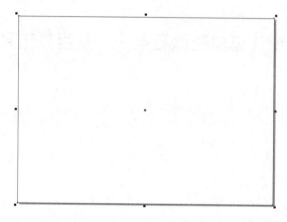

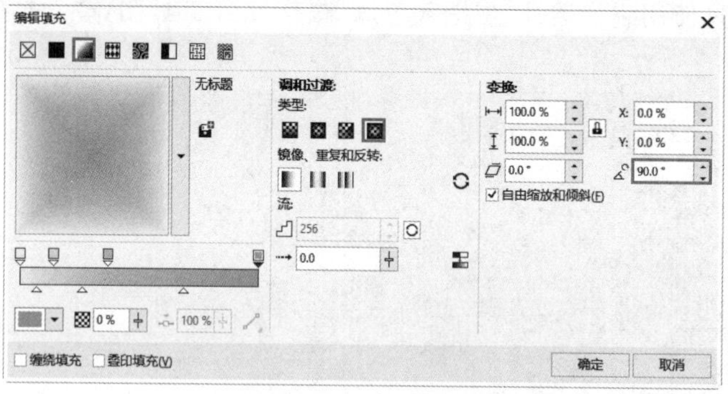

图 8-14 设置渐变填充参数

Step 4 单击"确定"按钮，执行效果如图 8-15 所示。

Step 5 为了方便后面操作，选择矩形，右击，选择"锁定对象"命令，如图 8-16 所示。

图 8-15　渐变填充效果

图 8-16　锁定矩形

Step 6　在矩形的中央使用工具箱中的"矩形工具"绘制一个正方形并填充为黑色，无轮廓，如图 8-17 所示。

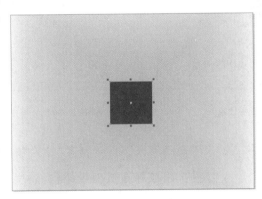

图 8-17　绘制黑色正方形

Step 7　单击工具箱中的"表格工具"，绘制一个 8 行 8 列的表格对象，并将表格线设置为浅蓝色，如图 8-18 所示。

Step 8　使用"选择工具"选择表格对象，右击，选择"转换为曲线"命令，如图 8-19 所示。

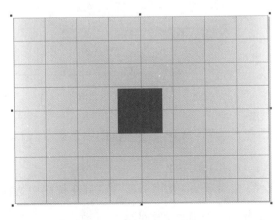

图 8-18　绘制表格对象

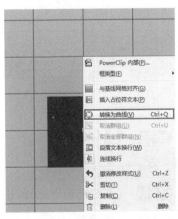

图 8-19　表格线转换为曲线

Step 9　执行菜单栏中的"效果"→"添加透视"命令，对象上面增加了一个网格框，表格上面出现四个控制点，用鼠标移动控制点，通过改变消失点来编辑透视点的方向，将表格对象制作成透视效果，如图 8-20 所示。

Step 10　用同样的方法再次绘制三个相同的表格，依次执行"效果"→"添加透视"命令，设置透视点操作，调整效果如图 8-21 所示。

Step 11　选择黑色正方形，在工具箱中单击"透明度工具"，从左上角向右下角拖动鼠标，给正方形对象执行透明操作，效果如图 8-22 所示。

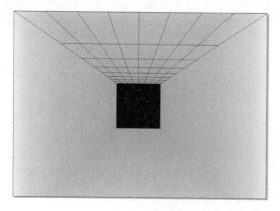

图 8-20　设置透视效果

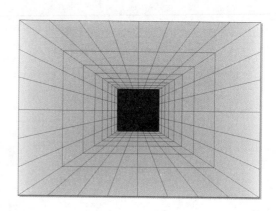

图 8-21　再次绘制三个相同的表格并调整透视效果

Step 12　执行菜单栏中的"文件"→"导入"命令，打开"导入"对话框，在对话框中选择需要的图片对象，然后单击"导入"按钮，用鼠标在页面中单击，将文件对象导入页面，效果如图 8-23 所示。

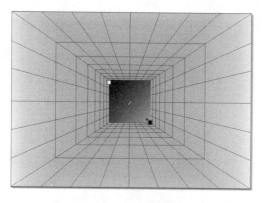

图 8-22　设置透明效果

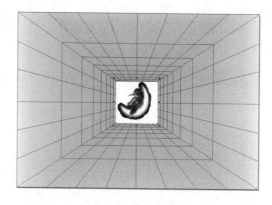

图 8-23　导入位图

Step 13　执行菜单栏中的"位图"→"位图颜色遮罩"命令，打开"位图颜色遮罩"泊坞窗，如图 8-24 所示。

Step 14　在泊坞窗中选择"隐藏颜色"选项，然后单击"吸管工具"按钮，在位图中选择需要隐藏的白色，并调整容限为 19，单击"应用"按钮，执行后的效果如图 8-25 所示。

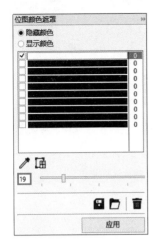

图 8-24 位图颜色遮罩设置

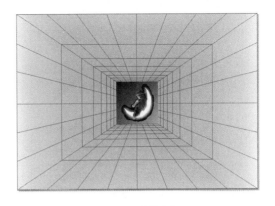

图 8-25 隐藏白色

Step 15 使用工具箱中的"星形工具" ☆ 在图层中绘制两个大小不同的星形对象,如图 8-26 所示。

Step 16 选择外面的星形对象,按 F11 键弹出"编辑填充"对话框,设置参数:"类型"为"椭圆形渐变填充",如图 8-27 所示,从左到右渐变色的 CMYK 值分别为(100,100,55,41)、(95,73,0,0)、(56,0,15,0),水平偏移—23.0%,垂直偏移 17.0%,其他参数不变,单击"确定"按钮。

图 8-26 绘制星形

Step 17 除去星形对象边框,然后选择较小的星形对象,除去边框并填充白色,效果如图 8-28 所示。

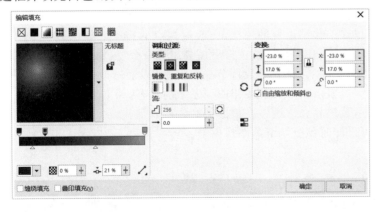

图 8-27 设置星形渐变填充

图 8-28 设置对象填充和轮廓

Step 18 选择白色星形对象,选择工具箱中的"调和工具" ✍,用鼠标向外边的较大的星形对象拖动,设置"调和步长"为 20、"调和方式"为"直线调和",设置调和效果如图 8-29 所示。

Step 19 选择调和对象,选择"透明度工具" ▦,给调和后的对象执行透明操作,效果如图 8-30 所示,绘制出一颗星星。

Step 20 连续按 Ctrl+D 快捷键两次,复制星星对象,并将星星缩小调整,放置在如图 8-11 所示的位置形成最终效果。

图 8-29　执行调和操作　　　　　　　　　图 8-30　执行透明操作

相关知识

透镜效果运用了相机镜头的某些原理，将一个镜头放在对象上，使对象在镜头的影响下产生各种不同的效果，即改变透镜下方的对象区域的外观，例如透明、放大、鱼眼、反转等。透镜只改变观察方式，不能改变对象本身的属性。

透镜可以用在 CorelDRAW X8 创建的任何封闭图形上，如矩形、圆形、三角形、多边形等，也可以运用它来改变位图的观察效果。但透镜不能应用在已做了立体化、轮廓图、交互式调和效果的对象上。如果群组的对象需要做透镜效果，必须解散群组才行；若要对位图进行透镜处理，则必须在位图上绘制一个封闭的图形，将图形移至需要改变的位置上。

执行"窗口"→"泊坞窗"→"透镜"命令或者按 Alt＋F3 快捷键，开启 "透镜"泊坞窗，用户可以在透镜类型下拉列表中选择所需的透镜类型。

虽然每一个类型的透镜所需要设置的参数选项都不同，但"冻结"、"视点"、"移除表面"复选框和"小锁"按钮却是所有类型的透镜都必须设置的参数，下面一一说明：

"冻结"：勾选此复选框，可以使透镜捕获的图像留在透镜上，并可随意移动。

"视点"：勾选此复选框，可以在不移动透镜的情况下，通过视点的移动来显示透镜下图像的某个部分。当勾选"视点"复选框时，在"视点"复选框后面会出现一个"编辑"按钮，用鼠标单击"编辑"按钮，"比率"所在地方将变成 X 和 Y 参数调节框，用户可以通过改变它们的参数值来移动视点，如果对设置不满意，可以单击"末端"按钮回到原来的状态。

"移除表面"：勾选此复选框，系统只允许透镜在被覆盖的地方显示。

"小锁"按钮：启用此按钮可以即时预览调节的图像效果。

任务 8-3　绘制手提袋立体效果图——图框精确裁剪

任务目标

1.掌握渐变填充方式的方法。

2.掌握调和工具的使用方法。

3.掌握图框精确裁剪的设置方法。

任务说明

本任务主要通过使用调和工具、图框精确裁剪工具制作"手提袋",效果如图8-31所示。

图 8-31 "手提袋"效果   绘制手提袋立体效果图

完成过程

Step 1   执行"文件"→"新建"命令(或按 Ctrl+N 快捷键),新建一个 A4 页面,并单击属性栏中的"纵向"□按钮。

Step 2   制作提带部分,使用"贝塞尔工具" 在页面中绘制一段弧线,设置轮廓颜色CMYK 值为(19,19,32,0),宽度为 2.0 mm,效果如图 8-32 所示。

Step 3   复制提带图形,修改颜色,将它拉大一点并移动位置,效果如图 8-33 所示。

Step 4   使用"贝塞尔工具" 根据提带的位置绘制手提袋的袋身形状,它的形状类似于矩形,但不太规则,如图 8-34 所示。

图 8-32 绘制弧线   图 8-33 复制弧线   图 8-34 绘制袋身形状

Step 5　选择袋身形状,按 F11 键弹出"编辑填充"对话框,设置参数:"类型"为"线性渐变填充",从左到右渐变色的 CMYK 值分别为(6,9,20,0)、(16,21,31,0),效果如图 8-35 所示。

Step 6　继续使用"贝塞尔工具" ✎ 绘制手提袋的侧面和阴影转折面,按 Shift＋F11 快捷键,在弹出的"标准填充"对话框中分别设置颜色,CMYK 值为(8,11,22,0)、(14,17,34,0)、(25,28,46,0),填充侧面图形,得到一个完整的手提袋的形状,如图 8-36 和图 8-37 所示。

图 8-35　填充渐变色　　　　图 8-36　绘制侧面　　　　图 8-37　填充颜色

Step 7　给手提袋的正面添加一些装饰图样。使用"矩形工具" ☐ 绘制一个小的矩形条,在调色板上选择朱红色(CMYK:0,90,100,0)填充,然后旋转角度,复制一个旋转角度的矩形条并水平移动,如图 8-38 所示。

Step 8　选择"调和工具" ✎ ,从左边的矩形条拖动到右边的矩形条上。在属性栏设置"调和步长"为19,得到斜条纹理效果,如图 8-39 所示。

图 8-38　绘制两个矩形　　　　图 8-39　矩形的交互式调和

Step 9　调和图形的上、下两边并不是水平的,将它们进行修剪。首先按 Ctrl＋K 快捷键将调和出来的图形进行拆分,否则不能进行修剪。使用"矩形工具" ☐ 绘制两个矩形框,框出要修掉的部分,效果如图 8-40 所示。

Step 10 用"矩形工具" ⬜ 绘制与袋子宽度一样的矩形,执行"效果"→"图框精确剪裁"→
"置于图文框内部"命令,效果如图 8-41 所示。

图 8-40 修剪　　　　　　　　　　　图 8-41 图框精确剪裁

Step 11 使用"星形工具" ☆ 绘制一个 24 角的星形,填充白色,无轮廓,用"文本工具" 字
添加"活动时间:10.15－10.30"文字。最终效果如图 8-31 所示。

相关知识

在 CorelDRAW X8 中,使用图框精确裁剪,可以将一个对象内置于另外一个容器对象中。
内置的对象可以是任意的,但容器对象必须是创建的封闭路径。

如果要对容器图框中的位图进行编辑,执行"效果"→"图框精确剪裁"→"编辑PowerClip"
命令即可,编辑完成后执行"效果"→"图框精确剪裁"→"结束编辑"命令可将位图重新放置在
容器图框中。执行"效果"→"图框精确剪裁"→"提取内容"命令可以取消裁剪。

拓展训练

训练 8-1 设计斑斓孔雀

训练要求:
利用交互式工具绘制如图 8-42 所示的画面。
步骤指导:
(1)使用工具箱中的"多边形工具" ⬡ 在绘图页面中绘制一个八边形,接着将图形填充颜
色设置为黄色,轮廓颜色设置为无色,如图 8-43 所示。
(2)选择工具箱中的"变形工具" ✲,在图形的中下部单击并向左拖动鼠标指针对图形进

行交互式变形操作,如图 8-44 所示。

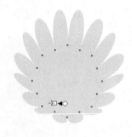

图 8-42　儿童画风格的斑斓孔雀　　　　图 8-43　绘制八边形　　　　图 8-44　交互式变形(1)

(3)使用工具箱中的"椭圆形工具"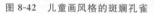绘制一个圆形,颜色为白色,轮廓颜色设置为无色,如图 8-45 所示。

(4)选择工具箱中的"调和工具"🖊,在黄色图形上单击并拖动鼠标指针到白色的图形上,在属性栏中单击"逆时针调和"按钮,效果如图 8-46 所示。

图 8-45　绘制白色小圆　　　　　　　图 8-46　交互式调和(1)

(5)使用工具箱中的"椭圆形工具"🖊绘制一个小椭圆形,颜色为橙色,如图 8-47 所示。

(6)选择工具箱中的"调和工具"🖊,在橙色图形上单击并拖动鼠标指针到白色的图形上,如图 8-48 所示。

图 8-47　绘制一个小椭圆　　　　　　图 8-48　交互式调和(2)

(7)使用工具箱中的"多边形工具"🖊在绘图页面中绘制一个八边形,颜色为橙色,再选择工具箱中的"变形工具"🖊,在图形的中下部单击并向左拖动鼠标指针对图形进行交互式变形操作,如图 8-49 所示。

(8)使用工具箱中的"椭圆形工具" ⬭ 绘制一个圆形,颜色为红色,再画两个黑色小眼睛(底部为白色),如图 8-50 所示。

图 8-49　交互式变形(2)

图 8-50　绘制小眼睛

(9)使用工具箱中的"多边形工具" ⬡ 在绘图页面中绘制一个四边形,将其拉长,颜色为白色,并使用工具箱中的"椭圆形工具" ⬭ 绘制两个小椭圆形放于底部,颜色为红色,轮廓颜色设置为无色,最终效果如图 8-42 所示。

训练 8-2　设计音乐会招贴

训练要求:

利用交互式工具绘制如图 8-51 所示画面。

图 8-51　音乐会招贴

步骤指导:

(1)导入背景"02.cdr"和人物"01.psd"。

(2)使用工具箱中的"阴影工具" 🔲 为人物添加阴影。

(3)绘制五边形,使用"变形工具" 🔁 做推拉变形。

(4)变形后的五边形原地复制、旋转、群组。

(5)输入相关文字。

训练 8-3　制作服装节招贴

训练要求:

利用交互式工具绘制如图 8-52 所示画面。

图 8-52　服装节招贴

步骤指导:

(1)打开背景文件"01.cdr"。

(2)为文件下面的网格添加透视、阴影效果。

(3)导入人物"02.psd""03.psd""04.psd""05.psd"。

(4)输入文字"FASHION",添加白色边框(2 mm)。

(5)导入"06.jpg",执行菜单栏中的"效果"→"图框精确剪裁"→"置于图文框内部"命令,最后为文字添加阴影。

模块 9 位图的导入和编辑

教学目标

通过"设计房地产广告"、"设计影视宣传广告"和"设计电视海报"三个任务的学习,掌握 CorelDRAW X8 软件导入和简单调整位图、位图编辑、位图与矢量图之间的相互转换的基本方法,能够对导入的位图使用 Corel PHOTO-PAINT 进行编辑和处理。

教学要求

知识要点	能力要求	关联知识
导入和调整位图	掌握	位图导入、裁剪、重新取样、嵌入对象、位图链接、编辑位图
位图裁切、擦除、边界调整	掌握	位图裁切、擦除、边界调整的设置和使用
位图色彩调整	掌握	位图颜色遮罩,色彩亮度、光度和暗度等方面的调整
位图与矢量图之间的相互转换	掌握	矢量图转换为位图、位图转换为矢量图

任务 9-1　设计房地产广告

在 CorelDRAW X8 中,不仅可以绘制各种效果的矢量图形,还可以通过导入位图并对位图进行编辑处理,制作出更加完美的画面效果。

任务目标

1. 掌握导入和调整位图的方法。
2. 掌握位图交互式效果的设置方法。
3. 掌握图框精确剪裁的设置方法。

任务说明

本任务主要通过导入和调整位图、使用透明度工具和图框精确剪裁来制作"房地产广告"，效果如图 9-1 所示。

图 9-1 "房地产广告"效果

设计房地产广告

完成过程

Step 1 执行"文件"→"新建"命令（或按 Ctrl＋N 快捷键），新建一个 A4 页面，并单击属性栏中的"横向" ▢ 按钮，设置页面大小为 580 mm×380 mm。

Step 2 执行"文件"→"导入"命令（或按 Ctrl＋I 快捷键）分别导入"室外效果.jpg"和"室内效果 1.jpg"图像，并分别使用"透明度工具" ▩ 从右上角拖动到左下角，效果如图 9-2 所示。

Step 3　使用"矩形工具" 绘制一个矩形,填充绿色,无轮廓,并添加文字,效果如图 9-3 所示。

图 9-2　导入位图并设置交互式透明　　　　　　图 9-3　绘制矩形并添加文字

Step 4　在左边添加相关文字,并用"立体化工具" 为部分文字添加立体效果,效果如图 9-4 所示。

图 9-4　添加文字并设置交互式立体效果

Step 5　使用"矩形工具" 绘制两个矩形,各设置两个圆角,无填充色,白色轮廓,效果如图 9-5 所示。

图 9-5　绘制两个矩形并设置圆角

Step 6　执行"文件"→"导入"命令分别导入"室内效果 2.jpg"和"室内效果3.jpg"图像，并选择"效果"→"图框精确剪裁"→"置于图文框内部"命令，效果如图 9-6 所示。

图 9-6　图框精确剪裁

Step 7　使用"矩形工具" □ 和"文本工具" 字 绘制路线图，效果如图 9-7 所示。

Step 8　最后再加上一些文字说明，最终效果如图 9-1 所示。

图 9-7　绘制路线图

相关知识

1.使用位图时,如果只需要原图像的一部分,可以将导入的位图进行裁剪。

2.导入位图时,可以根据需要重新调整图像的尺寸和分辨率,此时系统将对位图重新取样。

3.CorelDRAW 可以将 CorelDRAW 文件作为链接的对象插入其他应用程序,也可以在其中插入链接的对象。链接的对象与源文件之间始终保持链接。

链接位图与导入位图在本质上有很大的区别,导入的位图可以在 CorelDRAW 中进行修改和编辑,如调整图像的色调和为其应用特殊效果等,而链接到 CorelDRAW 中的位图却不能对其进行修改。如果要修改链接的位图,就必须在创建源文件的软件中进行。

4.CorelDRAW 可以将 CorelDRAW 文件作为嵌入的对象插入其他应用程序,也可以在其中插入嵌入的对象。嵌入的对象与其源文件之间是没有链接关系的,它是集成到活动文档中的。

如果要修改链接到 CorelDRAW 中的图像,必须在创建源文件的软件中进行,例如链接的图像为 JPGE 格式,那么必须在 Photoshop 中进行修改。在修改源文件后,执行"位图"→"自链接更新"命令,即可更新链接的图像。如果要直接在 CorelDRAW 中编辑和修改链接的图像,可执行"位图"→"中断链接"命令,断开位图与源文件的链接,这样,CorelDRAW 就会将该图像作为一个独立的对象处理。同样在原软件中对源文件进行了修改,也不会影响 CorelDRAW 中对应的图像。

任务9-2 设计影视宣传广告

1.掌握位图的导入设置。

2.掌握编辑位图效果的设置。

3.掌握交互式工具的使用方法。

本任务主要通过使用编辑位图效果、交互式工具来制作"影视宣传广告",效果如图 9-8 所示。

图 9-8 "影视宣传广告"效果

微 课

设计影视宣传广告

Step 1 执行菜单栏中的"文件"→"新建"命令(或按 Ctrl＋N 快捷键),新建一个 A4 页面,并在属性栏中单击"横向"按钮 □,将文件设置为横向页面。

Step 2 执行"工具"→"选项"命令,打开"选项"对话框,在左边列表框中选择"文档"→"页面尺寸"选项,依次在对话框中勾选"显示页边框"和"显示出血区域"复选框,如图 9-9 所示。

图 9-9　设置出血

Step 3　执行菜单栏中的"文件"→"导入"命令,打开"导入"对话框,在对话框中选择需要的文件,然后单击"导入"按钮,将文件导入页面,如图 9-10 所示。

图 9-10　导入文件

Step 4　调整导入的文件大小使其与页面大小相同,并用鼠标在属性栏中单击"编辑位图"按钮,依次执行菜单栏中的"效果"→"底纹"→"网格门"命令,打开"网格门"对话框,设置参数如图 9-11 所示。

图 9-11　设置"网格门"参数

Step 5　单击"确定"按钮，执行后如图 9-12 所示。

图 9-12　"网格门"设置效果

Step 6　执行菜单栏中的"效果"→"相机"→"照明效果"命令，打开"照明效果"对话框，参数设置如图 9-13 所示。

Step 7　参数设置完毕后，单击"确定"按钮，执行后如图 9-14 所示。

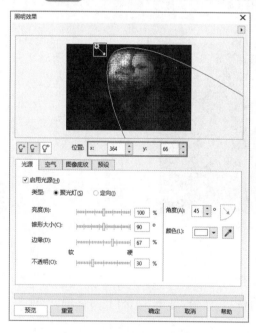

图 9-13　设置"照明效果"参数

图 9-14　"照明效果"设置效果

Step 8　单击属性栏中的"完成编辑"按钮，并保存回到 CorelDRAW 编辑页面。

Step 9　执行菜单栏中的"文件"→"导入"命令，打开"导入"对话框，在对话框中选择需要的文件，然后单击"导入"按钮，将文件导入页面，如图 9-15 所示。

Step 10　选择导入的图片对象，单击属性栏中"编辑位图"按钮，执行菜单栏中的"效果"→"创造性"→"粒子"命令，打开"粒子"对话框，参数设置如图 9-16 所示。

图 9-15　导入位图(1)

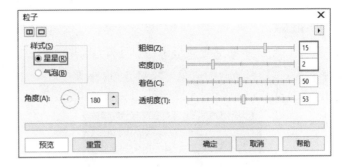

图 9-16　设置"粒子"参数

Step 11　参数设置完成后,单击"确定"按钮,执行后如图 9-17 所示。

Step 12　执行菜单栏中的"效果"→"创造性"→"茶色玻璃"命令,打开"茶色玻璃"对话框,设置"颜色"为"绿色",其他参数如图 9-18 所示。

图 9-17　"粒子"设置效果

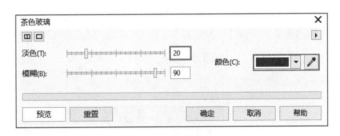

图 9-18　设置"茶色玻璃"参数

Step 13　单击"确定"按钮,执行后如图 9-19 所示。

Step 14　为了使图片具有朦胧感,执行菜单栏中的"效果"→"创造性"→"虚光"命令,打开"虚光"对话框,参数设置如图 9-20 所示。

图 9-19　"茶色玻璃"设置效果

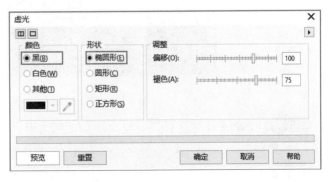

图 9-20　设置"虚光"参数

125

Step 15 单击"确定"按钮,执行后如图 9-21 所示。

Step 16 单击属性栏中的"完成编辑"按钮,并保存回到 CorelDRAW 编辑页面。

Step 17 在工具箱中单击"矩形工具"□按钮,在图层中绘制矩形并填充黑色。再次利用"矩形工具"□,在黑色矩形上绘制小矩形,并填充白色。按 Ctrl+D 快捷键复制多个白色矩形对象,然后将所有的白色对象对齐,选择所有对象执行"对象"→"群组"命令,将所有对象组合在一起。效果如图 9-22 所示。

图 9-21 "虚光"设置效果　　　　　　　　图 9-22 复制并群组对象

Step 18 用鼠标拖动对象,在拖动的过程中按下鼠标右键,复制组合在一起的对象,依次单击"矩形工具"□,在两个对象之间绘制两个矩形,给矩形对象填充黑色,放置在页面中,效果如图 9-23 所示。

图 9-23 复制对象并绘制两个矩形

Step 19 执行菜单栏中的"文件"→"导入"命令,打开"导入"对话框,在对话框中选择需要的文件,然后单击"导入"按钮,将文件导入页面,如图 9-24、图 9-25 所示。

Step 20 将导入的文件对象与前面设置特殊效果的文件缩小、剪切并调整位置,放置在电影影片中,效果如图 9-26 所示。

图 9-24　导入位图(2)

图 9-25　导入位图(3)

图 9-26　调整对象位置

Step 21　使用工具箱中的"文本工具"**字**键入"X 密码",设置"字体样式"和"大小"等参数,并使用工具箱中的"阴影工具"拖曳出白色阴影,在页面下面输入主要演员姓名、演出时间和演出地点等信息,效果如图 9-8 所示。

相关知识

1. 位图颜色遮罩

执行菜单栏中的"窗口"→"泊坞窗"→"位图颜色遮罩"命令,打开"位图颜色遮罩"泊坞窗。

如果希望撤销全部颜色遮罩效果,可在"位图颜色遮罩"泊坞窗中单击"移除遮罩"按钮。如果希望仅移除对某种颜色的遮罩,可首先取消"位图颜色遮罩"泊坞窗中该颜色条前面的复选框,然后单击"应用"按钮。

如果希望直接为颜色条设置颜色,可首先单击该颜色条,然后单击"编辑颜色"按钮,在打开的"选择颜色"对话框中编辑需要遮罩的颜色。

如果希望只显示图像中的特定颜色,可首先在"位图颜色遮罩"泊坞窗中单击"显示颜色"单选按钮,然后设置要显示的颜色,最后单击"应用"按钮。

可单击"保存遮罩"按钮,将设置好的颜色遮罩作为样式保存起来;单击"打开遮罩"按钮,可打开保存的遮罩样式文件,直接将选定的遮罩样式应用到当前图像中。

2. 颜色和色调效果

在 CorelDRAW X8 中,可以对位图进行色彩亮度、光度和暗度等方面的调整。通过应用颜色和色调效果,可以恢复阴影或高光中丢失的细节,清除色块,校正曝光不足或曝光过度,全面提高图像的质量。

另外,执行菜单栏中的"效果"→"变换"和"效果"→"校正"命令,也可调整图像的颜色和色调。

3. 高反差效果

执行菜单栏中的"效果"→"调整"→"高反差"命令,用于调整位图输出颜色的浓度,可以通过重新分布最暗区域到最亮区域颜色的浓淡来调整阴影区域、中间区域和高光区域。它通过调整图像的亮度、对比度和强度,使高光区域和阴影区域的细节不被丢失,也可通过定义色调范围的起始点和结束点,在整个色调范围内重新分布像素值。

4. 亮度调整

在选中对象后,执行"亮度"→"对比度"→"强度"命令,可以调整所有颜色的亮度以及明亮区域与暗色区域之间的差异。

5. 色度调整

在选中对象后,执行"色度"→"饱和度"→"亮度"命令,可以调整位图中的色频通道,并更改色谱中颜色的位置。这种效果使用户可以更改所选对象的颜色和浓度以及对象中白色所占的百分比。

6. 转换为位置

在 CorelDRAW X8 中,执行菜单栏中的"位图"→"转换为位图"命令,可以将矢量图形转换为位图。在转换过程中,还可以设置转换后的位图属性,如颜色模式、分辨率、背景透明度和光滑处理等参数。

为保证转换后的位图效果,必须将"颜色"选择在 24 位以上,"分辨率"选择在 200 dpi 以上。颜色模式决定构成位图的颜色数量和种类,因此文件大小也会受到影响。如果在"转换为位图"对话框中将位图背景设置为透明状态,那么在转换后的图像中,可以看到被位图背景遮盖住的图像或背景。

任务 9-3　设计电视海报

任务目标

1. 掌握位图的导入设置。
2. 掌握编辑位图效果的方法。
3. 掌握交互式工具的使用方法。

任务说明

本任务主要通过编辑位图和交互式工具来制作"电视海报",效果如图 9-27 所示。

图 9-27 "电视海报"效果

设计电视海报

完成过程

Step 1 执行"文件"→"新建"命令(或按 Ctrl＋N 快捷键),新建一个自定义页面,并单击属性栏中的"横向"按钮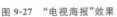,设置页面大小为 540 mm×380 mm。

Step 2 双击"矩形工具"□绘制一个和页面一样大小的矩形,执行"文件"→"导入"命令导入"背景图像.jpg",效果如图 9-28 所示。

Step 3 执行"位图"→"扭曲"→"涡流"命令,设置各参数如图 9-29 所示。

图 9-28 导入位图(4)

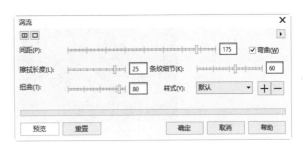

图 9-29 设置"涡流"参数

Step 4 执行"文件"→"导入"命令导入"KIDS 电视.psd",效果如图 9-30 所示。

Step 5 单击"透明度工具"▨,从右下角拖动到左上角,效果如图 9-31 所示。

图 9-30 导入位图(5)

图 9-31 设置透明度效果

Step 6 添加文字,并为"高清晰高品质显示"用"立体化工具" ⬡ 添加立体效果,如图 9-32 所示。

图 9-32 添加文字并设置文字效果

Step 7 选用"标题形状工具" 🖼 绘制一个标注图形,填充白色,无轮廓,并在上面添加"1999 元"文字,效果如图 9-33 所示。

图 9-33 添加标注

Step 8 在下面用"矩形工具" ☐ 绘制一个矩形,填充绿色,无轮廓,并加上文字,最终效果如图 9-27 所示。

相关知识

1. 房地产广告

房地产广告设置时需要利用交互式工具来设置位图的渐变色彩,将图片放入图框时采用图框精确剪裁的设置方法。

2. 影视宣传广告

影视宣传广告的设计使用位图的情况比较多,编辑位图时需要加入较多的特效,主要有网格门、照明效果、茶色玻璃、虚光、阴影工具等工具的应用,底片的形状也可以采用交互式工具来实现。

3. 电视海报

电视海报主要由背景图片、电视机图片和文本组成,位图效果主要采用涡流、透明度工具、立体化工具。要注意文字的字体、字号和文字的位置设置。

拓展训练

训练 9-1　设计香槟广告

训练要求:

通过导入和简单调整位图、编辑位图,制作如图 9-34 所示广告。

图 9-34　香槟广告

步骤指导:

(1)导入背景图片,执行"雪花气候"和"虚光"命令。

(2)导入狮子图片,利用 Corel PHOTO-PAINT 选取狮子区域。

(3)导入矢量素材并分别设置位置。

训练 9-2　制作服装广告

训练要求:

通过导入和简单调整位图、编辑位图,制作如图 9-35 所示广告。

图 9-35 服装广告

步骤指导:

(1)执行位图特效。

(2)去除位图背景。

(3)矢量图转换为位图。

训练 9-3 设计室内立体效果图

训练要求:

通过导入和简单调整位图、编辑位图,制作如图 9-36 所示画面。

图 9-36 室内立体效果图

步骤指导:

(1)打开素材文件夹中的"01-室内图.cdr"。

(2)导入位图"02-风景图.jpg",调整大小、透明度和顺序后放置在窗口后面。

(3)导入位图"03.jpg",转变为矢量图,添加透视效果,放置在电视屏幕上。

(4)导入位图"04.jpg",转变为矢量图,添加透视效果,放置在左边墙上。

训练 9-4   制作中国风水墨画

训练要求:

通过导入位图、编辑位图制作如图 9-37 所示水墨画。

图 9-37   中国风水墨画

步骤指导:

(1)新建 A4 横向页面。

(2)导入位图,居中对齐。

(3)选中位图,右键单击,在弹出的快捷菜单中选择"中心线描摹"→"线条画"命令,在打开的对话框中,在"描摹类型"中选择"轮廓",适当调整细节、平滑和拐角平滑度等参数。

模块 10　滤镜应用和文件输出

职业素养

"锦上添花,好上加好。"在矢量绘图中,善于使用滤镜效果可以使作品更加出色。本模块的学习,将培养学生精益求精、好上加好的优良品质。

教学目标

通过"设计风景邮票"、"制作电影海报"、"将文件发布为 PDF 格式"和制作"拼接打印大幅面样张"四个任务的学习,掌握在 CorelDRAW X8 中设置位图效果、设置打印输出等操作方法。

教学要求

知识要点	能力要求	关联知识
位图滤镜效果设置	掌握	选中要处理的位图,选择所需滤镜命令,设置相应参数
导出和发布	掌握	将创建的文档导出为各种格式的图像、图形文件,网页文档,或发布为 PDF 格式的电子书
打印输出	掌握	安装打印机、设置输出选项、拼版打印

任务 10-1　设计风景邮票

CorelDRAW X8 提供的滤镜主要用来处理位图以生成各种特殊效果。这些滤镜均放置在"位图"菜单中。使用滤镜的一般流程是:首先选中要处理的位图,其次选择所需滤镜命令,最后在打开的对话框中设置相应参数。

下面,通过为图像添加杂点效果来介绍滤镜的一般用法。

任务目标

1. 掌握调和工具的操作方法以及设置对象属性的方法。
2. 掌握添加杂点命令的操作方法以及设置对象属性的方法。

任务说明

本任务主要通过调和工具和添加杂点命令绘制"风景邮票",效果如图 10-1 所示。

图 10-1 "风景邮票"效果

设计风景邮票

完成过程

Step 1 执行"文件"→"新建"命令(或按 Ctrl+N 快捷键),创建一个新的文件。

Step 2 在菜单栏中选择"工具"→"选项"命令,打开"选项"对话框,在左侧选择"辅助线",单击"添加"按钮,设置辅助线参数如图 10-2 所示,单击"确定"按钮。设置后如图 10-3 所示。

Step 3 在工具箱中选择"矩形工具",在图层中绘制矩形对象,使矩形四个角点分别和四条辅助线的交点重合,如图 10-4 所示。

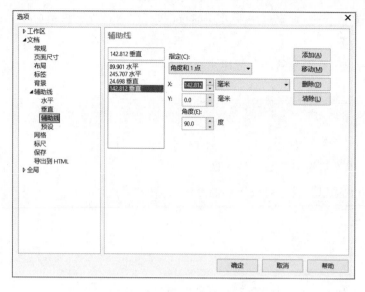
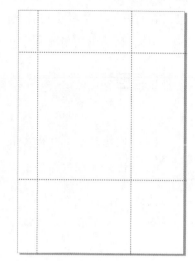

图 10-2　设置辅助线参数　　　　　　　　图 10-3　设置辅助线效果

Step 4　选择"椭圆形工具" ◯，按住 Shift＋Ctrl 快捷键，以矩形左上角点为圆心，绘制一个适当大小的圆形，要保证圆心在矩形左上角点上，如图 10-5 所示。

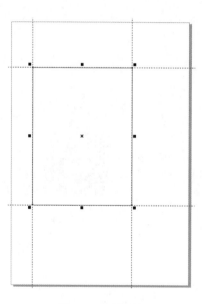
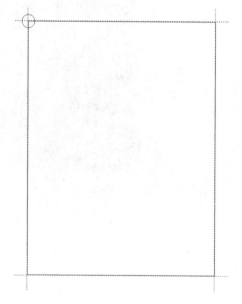

图 10-4　绘制矩形　　　　　　　　　　图 10-5　绘制圆形

Step 5　选择绘制的圆形对象，按住 Ctrl 键，向下拖动，其圆心会自动和矩形左下角点重合，此时单击鼠标右键复制它。用同样的方法绘制另外两个小圆，使它们的圆心分别在矩形右上角和右下角两个点上，效果如图 10-6 所示。

Step 6　选择左上角的圆形对象，在工具箱中选择"调和工具" ，用鼠标向右边的圆形拖动，并设置"调和步长"为 8（垂直方向为 12）、"调和方向"为"直接调和"，效果如图 10-7 所示。

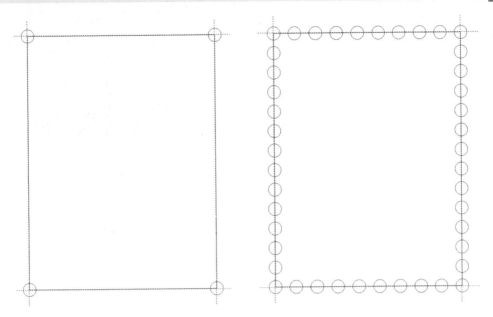

图 10-6　复制圆形对象　　　　　　　　　　图 10-7　交互式调和效果

Step 7　选择调和后的对象,依次执行"对象"→"造形"→"简化"命令,将其分离成若干独立的小圆。并分别按 Delete 键将小圆删除,如图 10-8 所示。

Step 8　执行菜单栏中的"文件"→"导入"命令导入一张位图"普陀山风景.jpg",调整位置和大小,选中所有对象,选择菜单栏中的"对象"→"对齐和分布"→"水平居中对齐"和"垂直居中对齐"选项,效果如图 10-9 所示。

图 10-8　简化调和效果　　　　　　　　　　图 10-9　导入位图(1)

Step 9　选中位图,执行菜单栏中的"位图"→"杂点"→"添加杂点"命令,如图 10-10、图 10-11 所示。

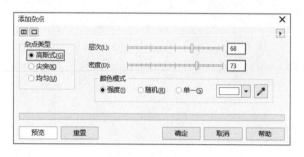

图 10-10 添加杂点

图 10-11 添加杂点效果(1)

Step 10 选中位图，执行菜单栏中的"位图"→"创造性"→"框架"命令，如图 10-12、图 10-13 所示。

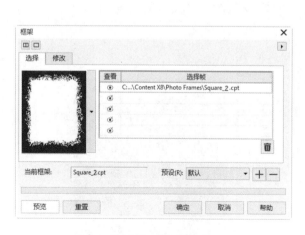

图 10-12 添加框架

图 10-13 添加框架效果

Step 11 使用工具箱中的"文本工具"**字**在位图上键入"中国邮政"文本，设置"文本字体"为黑体、"字体大小"为 30、"颜色"为黑色，同理，输入"CHINA"和"80 分"，效果如图 10-14 所示。

Step 12 给邮票对象设置阴影，选择最底层的对象，填充白色，在工具箱中选择"阴影工具"**□**，设置"阴影的不透明度"为 40、"阴影羽化"为 10、"阴影颜色"为黑色，执行后的效果如图 10-1 所示。

图 10-14　添加文字效果

相关知识

下面简单介绍三维效果滤镜、艺术笔触滤镜、模糊滤镜、相机滤镜、颜色变换滤镜。

1. 三维效果滤镜

三维效果滤镜可以为位图添加各种模拟的 3D 立体效果。此滤镜组中包括了三维旋转、柱面、浮雕、卷页、透视、挤远/挤近及球面七种滤镜类型。

(1)利用"卷页"命令可以使位图的四个边角产生不同程度的卷页效果,如图 10-15 所示。

图 10-15　卷页效果

(2)利用"球面"命令可以使位图产生一种贴在球体上的球化效果。在"球面"对话框中进行参数设置,可以产生更多的效果,如图 10-16 所示。

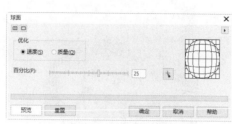

图 10-16　球面效果

2. 艺术笔触滤镜

使用艺术笔触滤镜可以为位图添加一些特殊的美术技法效果,此组滤镜中包括了炭笔画、单色蜡笔画、蜡笔画、立体派、印象派、调色刀、彩色蜡笔画、钢笔画、点彩派、木版画、素描、水彩画、水印画和波纹纸画共 14 种艺术笔触。

例如:利用"蜡笔画"命令可以使位图变成蜡笔画的效果,在"蜡笔画"对话框中进行参数设置,可以产生不同的效果,如图 10-17 所示。

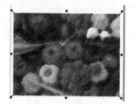

图 10-17　蜡笔画效果

利用"素描"命令可以使位图变成素描画的效果。在"素描"对话框中进行参数设置,可以产生不同的效果,如图 10-18 所示。

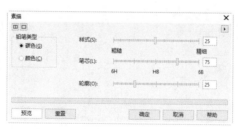

图 10-18　素描效果

3. 模糊滤镜

使用模糊滤镜,可以使图像画面柔化、边缘平滑。模糊滤镜组中包括了定向平滑、高斯式模糊、锯齿状模糊、低通滤波器、动态模糊、放射式模糊、平滑、柔和及缩放共九种模糊滤镜。

(1)利用"锯齿状模糊"命令可以在相邻颜色的一定高度和宽度范围内产生锯齿波动的模糊效果,如图 10-19 所示。

图 10-19　锯齿状模糊效果

（2）利用"放射状模糊"命令可以使位图图像从指定的圆心处产生同心旋转的模糊效果，如图 10-20 所示。

图 10-20　放射状模糊效果

4.相机滤镜

相机滤镜是从 CorelDRAW X3 版本之后才增加的滤镜，该命令是通过模仿照相机原理，使图像产生散光等效果，该滤镜组只包含"扩散"命令。

例如：利用"扩散"命令可以使位图的像素向周围均匀扩散，从而使图像变得模糊、柔和，如图 10-21 所示。

图 10-21　扩散效果

5.颜色变换滤镜

应用颜色变换滤镜效果可以改变位图中原有的颜色。此滤镜组中包括位平面、半色调、梦幻色调和曝光效果。

（1）利用"位平面"命令可以使位图图像中的颜色以红色、绿色、蓝色三种色块平面显示出来，用纯色来表示位图中颜色的变化，产生特殊的视觉效果。

分别拖动"红""绿""蓝"滑块，可以设置红色、绿色、蓝色三种颜色在色块平面中的比例。

"应用于所有位面"复选框：选中该复选框时，三种颜色等量显示；不选中该复选框时，三种颜色可以按不同的数量设置显示，如图 10-22 所示。

图 10-22　位平面效果

（2）利用"半色调"命令可以使位图图像产生彩色网板的效果。

分别拖动"青""品红""黄"滑块，可以设置青色、品红色、黄色三种颜色在色块平面中的比例。

"最大点半径"滑块：设置构成半色调图像中最大点的半径，数值越大，半径越大，如图 10-23 所示。

图 10-23　单色调效果

任务 10-2　制作电影海报

利用"位图"→"模糊"→"缩放"命令可以从位图的某一点产生放射状的模糊效果，类似于可变焦距相机在拍摄过程中变动焦距产生的爆炸效果。

利用"位图"→"模糊"→"虚光"命令能够产生一种类似给位图加上一个彩色框架的怀旧效果。

利用"位图"→"艺术触笔"→"钢笔画"命令能够让位图产生一种类似用钢笔画出来的效果。

任务目标

1. 掌握"缩放"滤镜的操作方法。
2. 掌握"虚光"滤镜的操作方法。
3. 掌握"钢笔画"滤镜的操作方法。

任务说明

本任务主要是将素材文件进行修改，首先对风景图像应用"缩放"滤镜并添加交互式透明效果；其次对人物图像应用"虚光"滤镜并添加交互式透明效果；最后对眼睛图像应用"钢笔画"滤镜并放置于不规则图形内，效果如图 10-24 所示。

图 10-24 "电影海报"效果

制作电影海报

完成过程

Step 1 打开素材文件夹中的"01. cdr"文件。

Step 2 在工具箱中选择"选择工具" ▶,选中页面下方的风景图像。

Step 3 执行菜单栏中的"位图"→"模糊"→"缩放"命令,打开如图 10-25 所示的"缩放"
对话框,在其中设置"数量"为 100,单击"预览"按钮,查看缩放模糊效果,即可将缩放模糊效果
应用于图像,效果如图 10-26 所示。

图 10-25 "缩放"对话框(1)

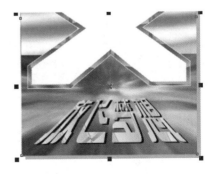

图 10-26 对风景图像应用"缩放"滤镜

Step 4 使用工具箱中的"透明度工具" ▨为风景图像添加透明效果,使风景图像的上
边与底图自然融合,如图 10-27 所示。

Step 5 使用工具箱中的"选择工具" ▶选中人物图像。

Step 6 执行菜单栏中的"位图"→"创造性"→"虚光"命令,打开如图 10-28 右图所示的

图 10-27　为风景图像添加透明效果

"虚光"对话框,在"颜色"设置区选中"白色",在"形状"设置区选中"正方形",在"调整"设置区分别设置"偏移"和"褪色"值,查看虚光效果,单击"确定"按钮,即可得到如图 10-29 所示的虚光效果。

图 10-28　为人物图像添加"虚光"滤镜

Step 7　使用工具箱中的"透明度工具"✗为人物图像添加透明效果,使人物图像的底边与底图自然融合,如图 10-30 所示。

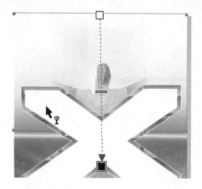

图 10-29　"虚光"滤镜效果　　　　图 10-30　为人物图像添加透明效果

Step 8　使用工具箱中的"选择工具"▶选中眼睛图像。

Step 9　执行菜单栏中的"位图"→"艺术笔触"→"钢笔画"命令,打开如图 10-31 所示的"钢笔画"对话框,在"样式"设置区选中"点画",分别设置"密度"和"墨水"值,查看钢笔画效果,单击"确定"按钮,即可得到钢笔画效果。

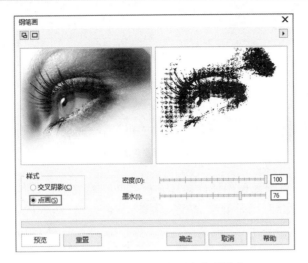

图 10-31　对眼睛图像应用"钢笔画"滤镜

Step 10　执行菜单栏中的"效果"→"图框精确剪裁"→"置于图文框内部"命令,当光标呈黑色水平箭头时,单击页面中填充色为白色的不规则图形,将眼睛图像进行精确剪裁,并调整眼睛图像的显示区域,得到最终效果图,其效果如图 10-24 所示。

相关知识

下面简单介绍轮廓图、创造性、扭曲效果、杂点、鲜明化、模糊等滤镜。

1. 轮廓图滤镜

应用轮廓图滤镜可以把位图按照其边缘线勾勒出来,显示出一种素描效果。该滤镜组中共包括边缘检测、查找边缘和描摹轮廓三种效果。

①"边缘检测"命令:可以查找位图图像中对象的边缘并勾画出对象轮廓,此滤镜适用于高对比的位图图像的轮廓查找。

在"背景色"选项组中,可将背景颜色设为"白色"、"黑"或"其他"颜色。选中"其他"单项选时,可在颜色列表框中选择一种颜色,也可使用"吸管工具"在预览窗口中选取图像中的颜色作为背景色。

拖动"灵敏度"滑块:可调整探测的灵敏度,如图 10-32 所示。

图 10-32　边缘检测效果

②"描摹轮廓"命令:可以勾画出图像的边缘,边缘以外的大部分区域将以白色填充。

在"描摹轮廓"对话框中,"层次"选项用于设置跟踪边缘的强度,如图 10-33 所示。

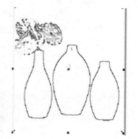

图 10-33　描摹轮廓效果

2. 创造性滤镜

应用创造性滤镜可以为图像添加许多具有创意的画面效果,该滤镜组包括工艺、晶体化、织物、框架、玻璃砖、儿童游戏、马赛克、粒子、散开、茶色玻璃、彩色玻璃、虚光、旋涡和天气共14 种效果。

①"工艺"命令:可以使位图图像具有类似于用工艺元素拼接起来的画面效果。

在"工艺"对话框的"样式"下拉列表框中,可以将用于拼接的工艺元素设为"拼图板"、"齿轮"、"弹珠"、"瓷砖"和"筹码"样式。

拖动"大小"滑块:可以设置用于拼接的工艺元素尺寸大小。

拖动"完成"滑块:可以设置图像被工艺元素覆盖的百分比。

拖动"亮度"滑块:可以设置图像中的光照亮度。

拖动"旋转"滑块:可以设置图像中的光照角度,如图 10-34 所示。

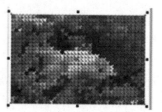

图 10-34　工艺效果

②"框架"命令:可以使图像边缘产生艺术的抹刷效果。

"选择"标签:可以选择不同的框架样式。

"修改"标签:可以对选择的框架样式进行修改,如图 10-35 所示。

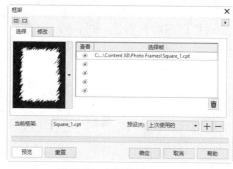

图 10-35　框架效果

③"儿童游戏"命令:可以使位图图像具有类似于儿童涂鸦游戏时所绘制出的画面效果。

"游戏"选项有"圆点图案"、"积木图案"、"手指绘画"和"数字绘画"。

3. 扭曲效果滤镜

应用扭曲效果滤镜可以为图像添加各种扭曲变形的效果。此滤镜组包含了块状、置换、偏移、像素、龟纹、旋涡、平铺、湿笔画、涡流及风吹效果共 10 种滤镜效果。

①"置换"命令:可以使图像被预置的波浪、星形或方格等图形置换出来,产生特殊的效果。

"缩放模式"选项组:可选择"平铺"或"伸展适合"的缩放模式。

"未定义区域"下拉列表:可选择"重复边缘"或"环绕"选项。

"缩放"选项组:拖动"水平"或"垂直"滑块可调整置换的大小密度。

"置换样式"列表框:可选择程序提供的置换样式,如图 10-36 所示。

图 10-36　置换效果

②"湿笔画"命令:可以使图像产生类似于油漆未干时,油漆往下流的画面浸染效果。

"润湿"滑块:拖动其滑块,可以设置图像中各个对象的油滴数目。数值为正时,油滴从上往下流;数值为负时,油滴则从下往上流。

"百分比"滑块:拖动其滑块,可以设置油滴的大小,如图 10-37 所示。

图 10-37　湿笔画效果

4. 杂点滤镜

使用杂点滤镜可以在位图中模拟或消除由于扫描或者颜色过渡所造成的颗粒效果。此滤镜组包含了添加杂点、最大值、中值、最小值、去除龟纹及去除杂点共 6 种滤镜效果。

①"添加杂点"命令:可以在位图图像中增加颗粒,使图像画面具有粗糙的效果。

"杂点类型"选项组:可以将添加的杂点设置为"高斯式"、"尖突"和"均匀"的类型。

"层次"滑块:拖动其滑块,可以调整图像中受杂点效果影响的颜色及亮度的变化范围。

"密度"滑块:拖动其滑块,可以调整图像中杂点的密度。

"颜色模式"选项组:可以将杂点的颜色模式设为"强度"、"随机"和"单一"模式,如图10-38所示。

图 10-38　添加杂点效果(2)

②"去除杂点"命令:可以去除图像(比如扫描图像)中的灰尘和杂点,使图像有更加干净的画面效果,但同时,去除杂点后的画面会相应模糊。

"阈值"滑块:用于设置去除杂点的数量范围。

"自动"复选框:选中该复选框可自动设置去除杂点的数量。取消"自动"复选框的选择,可以拖动"阈值"滑块对去除杂点的数量进行自定义设置,如图 10-39 所示。

图 10-39　去除杂点效果

5. 鲜明化滤镜

应用鲜明化滤镜可以改变位图图像中相邻像素的色度、亮度以及对比度,从而增强图像的颜色锐度,使图像颜色更加鲜明突出。此滤镜组包含了适应非鲜明化、定向柔化、高通滤波器、鲜明化及非鲜明化遮罩共五种滤镜效果。

①"适应非鲜明化"命令:可以增强图像中对象边缘的颜色锐度,使对象边缘鲜明化。

"百分比"滑块:拖动该滑块以设置图像边缘颜色的锐化程度,如图 10-40 所示。

图 10-40　适应非鲜明化效果

②"高通滤波器"命令:可以极为清晰地突出位图中绘图元素的边缘。

"百分比"滑块:拖动其滑块,可以调整高频通行效果的程度。

"半径"滑块:拖动其滑块,可以调整位图中参与转换的颜色范围,如图 10-41 所示。

图 10-41　高通滤波器效果

6. 模糊滤镜

选中一张图片,选择"位图"→"模糊"子菜单下的命令,CorelDRAW X8 提供了十种不同的模糊效果。下面介绍其中几种常用的模糊。

(1)高斯式模糊

选择"位图"→"模糊"→"高斯式模糊"命令,弹出"高斯式模糊"对话框,单击对话框中的 按钮,显示对照预览窗口,如图 10-42 所示。

对话框中选项的含义如下:

半径:可以设置高斯式模糊的程度。

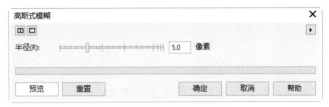

图 10-42　"高斯式模糊"对话框

（2）动态模糊

选择"位图"→"模糊"→"动态模糊"命令，弹出"动态模糊"对话框，单击对话框中的 ▣ 按钮，显示对照预览窗口，如图 10-43 所示。

图 10-43　"动态模糊"对话框

对话框中选项的含义如下：

间距：可以控制动感力度；

方向：可以控制动感的方向。

（3）缩放

选择"位图"→"模糊"→"缩放"命令，弹出"缩放"对话框，单击对话框中的 ▣ 按钮，显示对照预览窗口，如图 10-44 所示。

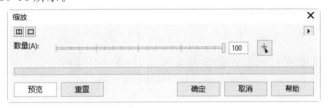

图 10-44　"缩放"对话框（2）

对话框中各选项的含义如下：

▣：在左边的原始图像预览框中单击鼠标左键，可以确定缩放模糊的中心点。

数量：可以设定图像的模糊程度。

任务 10-3　将文件发布为 PDF 格式

绘制好图形后，通过选择"文件"菜单中的相应选项，可以将创建的文档导出为各种格式的图像、图形文件，网页文档，或发布为 PDF 格式的电子书等，以满足不同的工作需要。本任务学习将图形发布为 PDF 格式文件的方法。

掌握将图形另存为 PDF 格式并进行相关设置的方法。

本任务主要将图形另存为 PDF 格式并进行相关设置,效果如图 10-45 所示。

图 10-45　发布 PDF 格式的图形效果　　　　　　将文件发布为 PDF 格式

Step 1　打开素材文件夹中的"01.cdr"文件。

Step 2　执行菜单栏中的"文件"→"发布至 PDF"命令,打开"发布至 PDF"对话框,首先在该对话框中设置 PDF 文件的保存位置和文件名,如图 10-46 所示。

图 10-46　"发布至 PDF"对话框

Step 3 单击"发布至 PDF"对话框中的"设置"按钮，打开"PDF 设置"对话框，在"常规"选项卡下设置导出范围为"当前文档"，如图 10-47 所示。

图 10-47 "常规"选项卡设置

Step 4 单击"对象"选项卡，从中设置位图压缩质量，如图 10-48 所示。

图 10-48 "对象"选项卡设置

Step 5 单击"预印"选项卡，打开"预印"选项卡，从中勾选"裁剪标记"复选框，如图 10-49 所示。设置完毕，单击"确定"按钮，返回"发布至 PDF"对话框，单击"保存"按钮，将文档发布为 PDF 格式文档。

Step 6 根据保存路径打开 PDF 文件，从中可以看到发布的 PDF 格式文件，最终效果如图 10-45 所示。

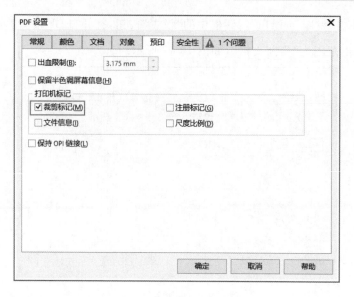

图 10-49　设置裁剪标记

相关知识

文件输出除了可以保存、另存外，还可以导出，可将文档导出为 TIFF、JPEG、BMP 和 GIF 等格式的图像文件，或导出为 CorelDRAW 支持的矢量图形，或导出为适合在 Office 软件中使用的图像，或导出为适合在网页中使用的图像，或导出为网页文件，或发布为 PDF 格式的电子书。

任务 10-4　制作"拼接打印大幅面样张"

只要掌握 CorelDRAW 拼版打印的方法，就可以用普通 A4 纸打印机打印 8 开、4 开甚至是全开尺寸的作品。

下面以 4 开版为例，讲解如何用 CorelDRAW 拼版的方法用普通的 A4 纸打印机打印出 4 开的样张。

任务目标

1. 掌握导入图片工具的操作方法以及设置对象属性的方法。
2. 掌握版面设计工具的操作方法以及设置对象属性的方法。

微课

制作"拼接打印大幅面样张"

任务说明

本任务主要通过导入图片工具和版面设计工具打印输出 4 开的样纸,效果如图 10-50 所示。

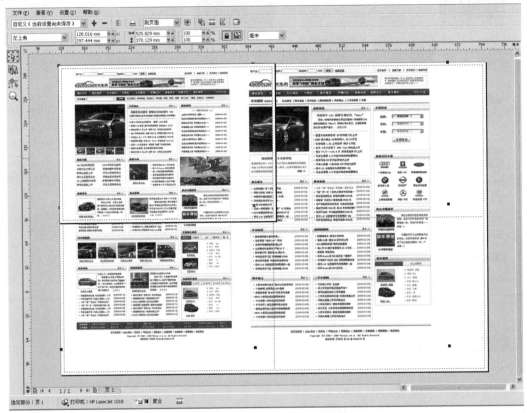

图 10-50　4 开版效果

完成过程

Step 1　确认电脑里已经安装上了 A4 纸打印机。

Step 2　执行菜单栏中的"文件"→"新建"命令新建文件,尺寸为 545 mm×393 mm,如图 10-51 所示。

图 10-51　设置页面尺寸

Step 3　执行菜单栏中的"文件"→"导入"命令导入位图"01-设计稿.jpg",调整位置和大小刚好填满页面,如图 10-52 所示。

CorelDRAW
项目实践教程

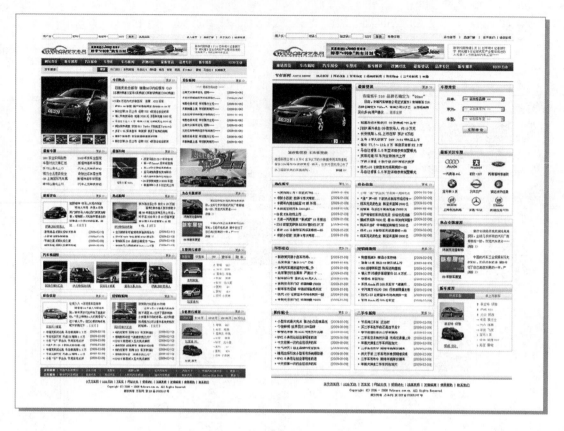

图 10-52 导入位图(2)

Step 4 执行菜单栏中的"文件"→"打印"命令(或按 Ctrl＋P 快捷键),打开"打印"对话框,如图 10-53 所示。

图 10-53 "打印"对话框

Step 5 打开"打印"对话框中的"布局"选项卡,勾选"打印平铺页面"复选框,将"平铺层数"改为 2×2,单击"打印预览"按钮,如图 10-54 所示。

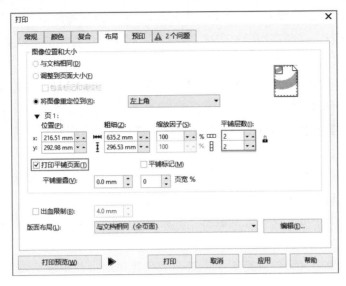

图 10-54　设置打印版面

Step 6　出现一个预览页面,两条虚线将页面划分为四块,每一块就是一张 A4 纸,确认无误后就可单击工具栏中的"打印"按钮进行打印,如图 10-50 所示。

相关知识

当用 CorelDRAW X8 设计完成一幅作品后,可以使用 CorelDRAW X8 的打印功能将作品打印出来,也可将其输出为其他应用程序支持的图像文件类型,也可编排成适合印刷机印刷的样式送去印刷,下面学习打印输出和编排印刷的方法。

1. 安装打印机

在 CorelDRAW X8 中,如果要完成不同类别的打印,需要安装相应的打印机,因为打印机的类型决定了打印输出的质量效果。要将创建的作品打印输出,首先需要正确地将打印机添加至计算机中,并且还要进行必要的设置才能使图像顺利地打印输出。

要把打印机安装到计算机上,包括两个方面的工作,即硬件的安装和软件的安装。硬件方面是指要正确地连接设备,软件方面是指需要正确安装驱动程序。下面分别介绍打印机硬件连接和软件安装的方法。

因为不同的打印机可能有不同的安装、使用方法,即使是同种品牌不同型号的打印机,在安装方法上也会有所差异。有的打印机是连接到并口的,有的打印机是连接到串口的,而有的可能是连接到 USB 端口的。

如果在电源开启的情况下进行连接,有可能会造成打印机的元件损坏等后果。将打印机牢固地连接到计算机并经过检查确保无误后,开启打印机电源,再开启计算机的电源。

2. 打印文件

在打印前,首先应该设置纸张的大小。如果打印的作品比打印纸大,还可以将作品平铺,打印在几页纸上面,然后再将各页拼成一幅完整的作品。

在 CorelDRAW X8 中要对图像进行普通打印,一般情况下按照系统默认的设置打印就可以了。如果需要进行一些稍高档的打印或专业打印,则需要进行相应的设置。不同的打印要求,需要对打印机进行不同的设置。

对于不同的打印机,其设置选项有所不同,但主要项目是相同的,如打印纸尺寸、打印方向、打印质量和打印份数等。

进行打印机设置和打印预览是提高打印速度和进行正确打印的前提。在设置好打印机属性,并对打印预览效果满意后,即可进行打印。

"出血"用来描述文档打印到纸张边缘的情况。为了达到"出血"印刷要求,用户要把自己的作品设计得稍微超出页面的边距。

在"版面"选项卡中可以设置出血限制。出血限制就是告诉 CorelDRAW X8 在纸张的边缘可以产生多大的"出血"量。

"出血"是指图像超过最终页面大小的量。大多数印刷机都不能把图像打印到纸张的边缘。如果想把作品的某部分扩展到页面的边缘,就需要把作品打印在一张比最终作品尺寸大一些的纸张上。然后对这张大纸裁边,使图像扩展到纸张的边缘。

通过使图像"出血",可以给印刷和裁边处理中的错误留有余地。为了在付印时可以得到合适的"出血",产生"出血"的图像在实际打印时要超出纸张边缘一点。

在打印页面时,可以设置裁切标记——在页角的一些直线,告诉印刷公司在何处裁切。

裁切标记用来确保页面大小是合适而平直的,印刷公司需要某种指导性的裁切标记。这种标记几乎在所有的打印工作中都需要,有一些公司使用激光打印机输出的页边缘作为裁切标记。

在打印预览页面中,我们还可以设置套准标记。套准标记是分色所要求的,它们是一些靶状标记,被打印在每张分色图上。

为了精确地重叠分色图,印刷公司把分色对在套准标记上。如果在信函大小的纸张上打印信函大小的文档,那么印刷公司将使用纸张边缘作为裁切标记。如果文档中含有点色,那么印刷公司就得用套准标记来对正分色彩图了。此时,用户可以在页面空白处,比如顶端、底部、页面的两边放置套准标记,打印机在创建图版后会自动屏蔽掉它们。

3. 输出前准备

随着计算机的普及,许多印刷品的前置作业都转入计算机进行,完稿后的电子文件必须交由输出中心输出成印刷用的胶片,再经过拼版、晒版、上版等工序后进行印刷。对于设计人员来说,在提供文档给输出中心前,必须对文档进行详细地检查。

4. 印前技术

要使设计出的作品有更好的印刷效果,设计人员还需要了解相关的印刷知识,这样在文稿设计过程中对于版面的安排、颜色的应用和后期制作等都会起到很大的帮助。

(1)什么是四色印刷?

用于印刷的稿件必须是 CMYK 颜色模式,这是因为在印刷中使用的油墨都是由 C(青)、M(品红)、Y(黄)、K(黑)这四种颜色按不同的比例调配而成。如经常看到的宣传册、杂志、海报等,都是使用四色印刷而成的。四色印刷并不是一次性就能印刷出所需要的颜色,它是经过四次印刷叠合而成。在印刷时,印刷厂会根据具体的印刷品来确定印刷颜色的先后顺序,通常的印刷流程为先印黑色,再印青色,接着印黄色,最后印品红色。经过四次印刷工序后,就叠合为所需要的各种颜色。

(2)什么是分色?

分色是一个印刷专用名称,它是将稿件中的各种颜色分解为 C(青)、M(品红)、Y(黄)、K(黑)四种颜色。通常的分色工作就是将图像的颜色转换为 CMYK 颜色模式,这样在图像中就有 C、M、Y、K 四个颜色通道。印刷用青、品红、黄、黑四色进行,每一种颜色都有独立的色版,在色版上记录了这种颜色的网点。青、品红、黄三色混合产生的黑色不纯,而且印刷时在黑色的边缘上会产生其他的色彩。印刷之前,将制作好的 CMYK 文件送到出片中心出片,就会得到青、品红、黄、黑四张菲林。

印刷品中的颜色浓淡和色彩层次是通过印刷中的网点大小来决定的。颜色浓的地方网点就大,颜色浅的地方网点就小,不同大小、不同颜色的网点就形成了印刷品中富有层次的画面。

通常用于印刷的图像,在精度上不得低于 280 dpi。不过根据用于印刷的纸张质量,在图像精度上又有所差别。用于报纸印刷的图像,通常精度为 150 dpi;用于普通杂志印刷的图像,通常精度为 300 dpi;对于一些纸张较好的杂志或海报,通常要求图像精度为 350~400 dpi。

(3)什么是菲林?

菲林胶片类似于一张相应颜色色阶关系的黑白底片。青、品红或黄色通道中制成的菲林,都是黑白的。在将这四种颜色按一定的色序先后印刷出来后,就得到了彩色的画面。

(4)什么是拼版?

拼版又称"装版"或"组版",是手工排版中的第二道工序。根据委印单位提出的版面设计要求,按原稿内容,将拣好的毛坯和一些排版材料拼装成一定尺寸的一块块完成的活字印版。拼版一般分为手工拼版和电脑拼版。

①手工拼版

手工拼版是指人工方式来对菲林胶片进行有秩序的整齐排列,对操作技术的要求颇高,现已渐渐被计算机软件拼版所替代。

②电脑拼版

主要流行软件:拼大版时一般都用柯达的 Preps,拼小版时用 QarXkess、Indesign,做彩盒时用 AI(Illustrator)多,也用 Freehand、CorelDRAW X8 和 Adobe Acrobat。

(5)什么是制版?

制版过程就是拼版和出菲林胶片的过程。

(6)什么是印刷?

印刷分为平版印刷、凹版印刷、凸版印刷和丝网印刷四种不同的类型,根据印刷类型的不同,分色出片的要求也会不同。

①平版印刷

平版印刷又称为胶印,是根据水和油墨不相互混合的原理制版印刷的。在印刷过程中,油质的印纹会在油墨辊经过时沾上油墨,而非印纹部分会在水辊经过时吸收水分,然后将纸压在版面上,就使印纹上的油墨转印到纸张上,就制成了印刷品。平版印刷主要用于海报、DM 单、画册、书刊杂志以及月历的印刷等,它具有吸墨均匀、色调柔和、色彩丰富等特点。

②凹版印刷

凹版印刷是将图文部分印在凹面,其他部分印在平面。在印刷时涂满油墨,然后刮拭干净较高部分的非图文处的油墨,并加压于承印物,使凹下的图文处的油墨接触并吸附于被印物上,这样就印成了印刷品。凹版印刷主要用于大批量的 DM 单、海报、书刊杂志和画册等,同时还可用于股票、礼券的印刷,其特点是印刷量大,色彩表现好、色调层次高,不易仿制。

③凸版印刷

与凹版印刷相反,凸版印刷原理类似于盖印章。图文部分在凸出面且是倒反的,非图文部分在平面。在印刷时,凸出的印纹沾上油墨,而凹纹则不会沾上油墨,在印版上加压于承印物时,凸纹上的图文部分的油墨就吸附在纸张上。凸版印刷主要应用于信封、信纸、贺卡、名片和单色书刊等的印刷,其特点是色彩鲜艳、亮度好、文字与线条清晰等,不过它只适合于印刷量少时使用。

④丝网印刷

丝网印刷是印纹成网孔状,在印刷时,将油墨刮压,使油墨经网孔被吸附在承印物上,就印成了印刷品。丝网印刷主要用于广告衫、布幅等布类广告制品的印刷等。其特点是油墨浓厚,色彩鲜艳,但色彩还原力差,很难表现丰富的色彩,且印刷速度慢。

////////// 拓 展 训 练 //////////

训练 10-1 绘制峨眉山风景图简介

训练要求:

制作"峨眉山风景"页面,效果如图 10-55 所示。

图 10-55 峨眉山风景图简介

步骤指导:

(1)导入配套资源中提供的六张风景图。

（2）执行菜单栏中的"位图"→"模糊"命令和"位图"→"相机"命令等调整各张风景图的效果。

（3）为每张风景图绘制矩形，然后选择工具箱中的"艺术笔工具"🖊为每张风景图加边框。

（4）最后加上文字，给文字加交互式阴影效果。

训练 10-2　制作数码相机海报并打印

任务要求：

根据提供图片制作海报，如图 10-56 所示，并打印输出。

图 10-56　数码相机海报

步骤指导：

（1）导入配套资源中提供的三张图片。

（2）利用透明度工具为"01.jpg"和"02.jpg"添加透明效果，使得这两张图片能融合在一起。

（3）加上文字。

（4）打印输出。

模块 **11** 综合项目实训

职业素养

世界上美好的东西，都是由人类勤劳的双手创造出来的，一分耕耘才有一分收获，艰苦的劳动会迎来收获的喜悦，辛勤的汗珠换来连年的丰收。前面十个模块的坚持学习终于迎来收获季节，终于能熟练制作出优美的作品。但我们还在学习中，毕竟还没有接受更多实践检验，因此我们要继续投身到实践中去。

教学目标

本模块主要通过对前面所学知识、命令、技巧的综合应用，完成典型的 CorelDRAW 平面设计实训项目，巩固理解前面所学的知识和技能。

教学要求

知识要点	能力要求	关联知识
DM 单设计	能应用相关命令设计 DM 单，掌握 DM 单设计的方法	图形绘制、转换、文字排版等
书籍装帧设计	能应用相关命令进行书籍装帧设计，掌握书籍装帧设计的方法	
VI 设计	能应用相关命令设计 VI，掌握 VI 设计的方法	
包装设计	能应用相关命令设计包装，掌握包装设计的方法	
户外广告设计	能应用相关命令设计户外广告，掌握户外广告设计的方法	
画册设计	能应用相关命令设计画册，掌握画册设计的方法	
卡片设计	能应用相关命令设计卡片，掌握卡片设计的方法	
海报设计	能应用相关命令设计海报，掌握海报设计的方法	

项目 11-1　DM 单设计

DM 是英文 Direct Mail Advertising 的简称,还曾被叫作"邮送广告"、"直邮广告"和"小报广告"等,即通过邮寄、赠送等形式,将宣传品送到消费者手中。美国直邮及直销协会(DM/MA)对 DM 的定义如下:对广告主所选定的对象,将印就的印刷品,用直接投递的方式传达广告主所要传达的信息的一种手段。狭义的 DM 广告是指:将直邮限定为附有收件人名字的邮件。广义上的 DM 广告是指:通过直接投递服务,将特定的信息直接传达给目标对象(潜在顾客、个人或企业)的各种形式广告,称为直接邮寄广告或直投广告。

DM 广告与其他媒介的最大区别在于:DM 可以直接将广告信息传送给真正的受众,而其他广告媒体形式只能将广告信息笼统地传递给所有受众,而不管受众是不是广告信息的真正受众。

项目任务

利用 CorelDRAW X8 的图像绘制功能设计美牙中心 DM 单和超市 DM 单。

设计构思

1. 美牙中心 DM 单设计

本实训"美牙中心 DM 单"效果由三页组成,如图 11-1(a)所示,从右到左的三个页面:第一页主要给出宣传主体——美牙中心的基本信息,第二页主要是用文字普及美牙知识,第三页主要通过图解、报刊文摘等进一步宣传美牙的重要性,整体色调为绿色,给人一种清新的感觉。

2. 超市 DM 单设计

本实训"超市 DM 单"效果由正反两页组成,如图 11-1(b)所示,图形右边的是正面,突出利用端午节打折送礼效果,左边的是背面,列出主要打折低价促销的几种商品,整体色调为绿色,打折送礼部分突出红色,比较显眼。

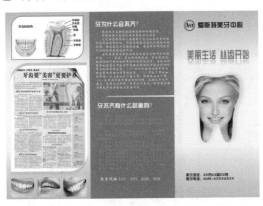

(a)美牙中心 DM 单

(b)超市 DM 单

图 11-1　DM 单效果

完成过程

1. 美牙中心 DM 单设计

Step 1 执行菜单栏中的"文件"→"新建"命令(或按 Ctrl＋N 快捷键),建立一个新的文件,设置其大小与方向属性,如图 11-2 所示。

微 课

美牙中心 DM 单设计

图 11-2 设置页面尺寸(1)

Step 2 在页面左边,选用工具箱中的"矩形工具"□绘制一个矩形,大小为 130 mm× 280 mm,如图 11-3 所示。

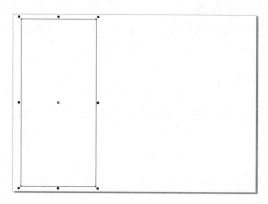

图 11-3 绘制矩形(1)

Step 3 执行菜单栏中的"对象"→"变换"→"位置"命令(或按 Alt＋F7 快捷键)命令,在弹出的"变换"泊坞窗中设置"位置"的水平值为 130.0 mm,副本为 2,单击"应用"按钮即在右边复制出两个相同的矩形,如图 11-4 所示。

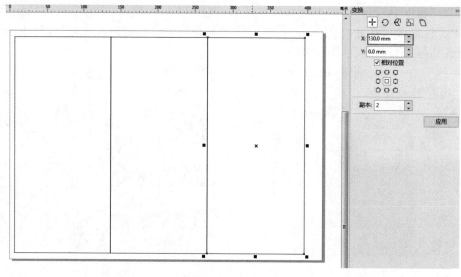

图 11-4 复制出两个矩形

Step 4 选择最右边的矩形,按 F11 键弹出"编辑填充"对话框,设置参数:"类型"为"线性渐变填充",旋转(角度)为 90.0°,从左到右渐变色的 CMYK 值分别为(40,0,100,0)、(5,2,5,0)、(5,2,5,0)、(40,0,100,0),其他参数不变,如图 11-5 所示。单击"确定"按钮,并设置无轮廓,效果如图 11-6 所示。

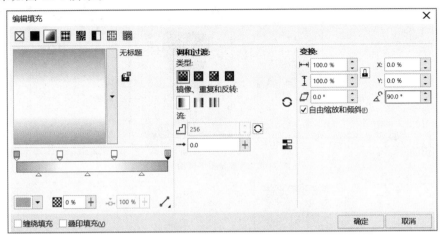

图 11-5 设置渐变填充参数(1)

Step 5 执行菜单栏中的"文件"→"导入"命令,导入一张位图"牙齿.jpg",如图 11-7 所示。

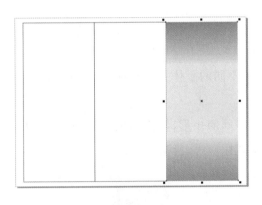

图 11-6 渐变填充效果(1)

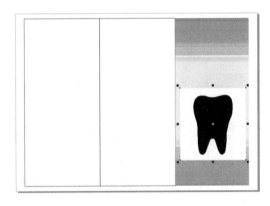

图 11-7 导入位图(1)

Step 6 执行菜单栏中的"位图"→"位图颜色遮罩"命令,在打开的"位图颜色遮罩"泊坞窗中设置相关的参数,单击"应用"按钮去掉牙齿周围的白色,如图 11-8 所示。

Step 7 选用工具箱中的"选择工具" 选择"牙齿"位图,执行菜单栏中的"位图"→"轮廓描摹"→"高质量图像"命令,在打开的 PowerTRACE 对话框中选用默认参数,单击"确定"按钮,效果如图 11-9 所示。

Step 8 执行菜单栏的"文件"→"导入"命令,导入一张位图"美牙1.jpg",确认位图处于选中状态,执行菜单栏中的"效果"→"图框精确剪裁"→"置于图文框内部"命令将位图放置在牙齿图形中,并选用工具箱中的"阴影工具" 设置绿色阴影,如图 11-10 所示。

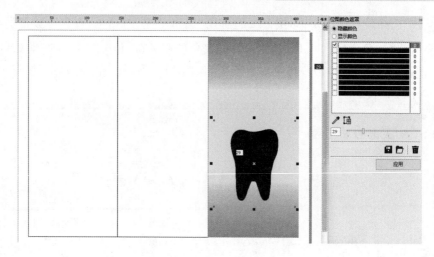

图 11-8　去掉牙齿周围的白色

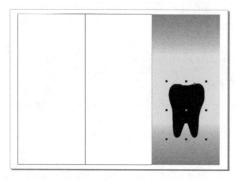

图 11-9　转换为矢量图

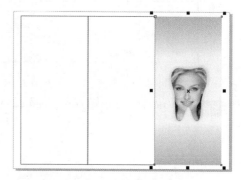

图 11-10　位图放置在牙齿图形中

Step 9　选用工具箱中的"文本工具" **字**,设置不同的字体大小和样式,输入如图 11-11 所示的文字。

Step 10　选用工具箱中的"选择工具" **▶** 选择中间的矩形,填充绿色,并单击最右边"默认 CMYK 调色板"上的"无色"按钮☒设置无轮廓,如图 11-12 所示。

图 11-11　输入文字(1)

图 11-12　填充绿色

Step 11 　选用工具箱中的"文本工具"**字**,设置不同的字体大小和样式,输入如图 11-13 所示的文字。

Step 12 　选用工具箱中的"选择工具"▶选择最左边的矩形,同 Step 4 设置相同的渐变填充,并设置无轮廓,如图 11-14 所示。

Step 13 　选用工具箱中的"矩形工具"□绘制两个矩形,填充白色和绿色,并分别设置圆角效果:左上角和右下角都为 50.0 mm,如图 11-15 所示。

图 11-13　输入文字(2)

图 11-14　渐变填充效果(2)

Step 14 　执行菜单栏中的"文件"→"导入"命令,导入一张位图"报纸报道.jpg",放置在矩形中间,执行菜单栏中的"位图"→"三维效果"→"卷页"命令,如图 11-16 所示。

图 11-15　绘制带有圆角的矩形

图 11-16　设置卷页效果

Step 15 　选用工具箱中的"矩形工具"□绘制一个矩形,并分别设置圆角效果:左上角和右下角都为 50.0 mm,并设置轮廓宽度为 1.0 mm,颜色为绿色,如图 11-17 所示。

Step 16 　执行菜单栏中的"文件"→"导入"命令,导入一张位图"牙齿结构.jpg",执行菜单栏中的"效果"→"图框精确剪裁"→"置于图文框内部"命令将位图放置在以上圆角矩形中,并选用工具箱中的"阴影工具"□设置绿色阴影,如图 11-18 所示。

图 11-17　绘制圆角矩形(1)

图 11-18　设置图框精确剪裁

Step 17 选用工具箱中的"矩形工具" 绘制三个矩形，并分别设置圆角值为 30.0 mm，如图 11-19 所示。

图 11-19　绘制三个圆角矩形

Step 18 执行菜单栏中的"文件"→"导入"命令，导入三张位图"美牙 2.jpg""美牙 3.jpg""美牙 4.jpg"，执行菜单栏中的"效果"→"图框精确剪裁"→"置于图文框内部"命令将位图分别放置在以上三个矩形中，并选用工具箱中的"阴影工具" 设置阴影效果，得到如图 11-1(a)所示最终效果。

2. 超市 DM 单设计

Step 1 执行菜单栏中的"文件"→"新建"命令(或按 Ctrl＋N 快捷键)，建立一个新的文件，设置其大小与方向属性，如图 11-20 所示。

图 11-20　设置页面尺寸(2)

微课

超市 DM 单设计

Step 2 选用工具箱中的"矩形工具" 在右边绘制一个矩形，宽为 185.0 mm、高为 277.5 mm。

Step 3 选择矩形，按 F11 键弹出"编辑填充"对话框，设置参数："类型"为"线性渐变填充"，旋转(角度)为 304.4°，从左到右渐变色的 CMYK 值分别为(0,0,0,0)、(0,0,100,0)、

166

(100,0,100,0)、(40,0,100,0),其他参数不变,单击"确定"按钮,并设置无轮廓,效果如图 11-22 所示。

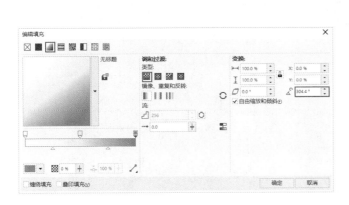

图 11-21　设置渐变填充参数(2)　　　　　　图 11-22　渐变填充效果(3)

Step 4　执行菜单栏中的"文件"→"导入"命令,导入一张矢量图"花草.cdr",放置在矩形中间,如图 11-23 所示。

Step 5　执行菜单栏中的"文件"→"导入"命令,导入一张矢量图"文字.cdr",放置在相关位置,如图 11-24 所示。

图 11-23　导入矢量图"花草.cdr"　　　　　　图 11-24　导入矢量图"文字.cdr"

Step 6　执行菜单栏中的"文件"→"导入"命令,导入一张矢量图"粽子.cdr",放置在相关位置,如图 11-25 所示。

Step 7 选用工具箱中的"阴影工具" 🔲 为粽子设置黑色阴影，如图 11-26 所示。

图 11-25　导入矢量图"粽子.cdr"

图 11-26　为粽子添加阴影效果

Step 8 选用工具箱中的"文本工具" **字** 添加文字信息，如图 11-27 所示。

图 11-27　添加文字信息(1)

Step 9 在页面的左边选用工具箱中的"矩形工具" 🔲 绘制一个矩形，宽为 185.0 mm、高为 277.5 mm。

Step 10 按 F11 键，选择"均匀填充"选项卡，填充颜色 CMYK 为(40、0、100、0)，如图 11-28 所示。

图 11-28　绘制矩形并填充颜色(1)

Step 11　选用工具箱中的"图纸工具"，在属性栏中设置行为 3、列为 6，拖动鼠标在矩形区域中绘制网格，并设置轮廓笔颜色为白色，无填充，效果如图 11-29 所示。

Step 12　选中网格，执行菜单栏中的"对象"→"取消群组"命令，将网格打散。

Step 13　导入商品图片到每个网格，均执行菜单栏中的"效果"→"图框精确剪裁"→"置于图文框内部"命令，如图 11-30 所示。

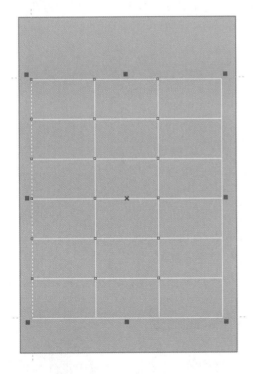

图 11-29　绘制白色网格

图 11-30　将商品图片填入网格

Step 14 选用工具箱中的"贝塞尔工具" 绘制图形,填充红色,去掉轮廓线,缩小复制,填充黄色,加上价格信息,如图 11-31 所示。

图 11-31 加上价格信息

Step 15 选用工具箱中的"文本工具" 字 添加文字信息,得到如图 11-1(b)所示最终效果。

经验指导

在设计 DM 时,若事先更多地考虑它的优点,对提高 DM 的广告效果会大有帮助。DM 的设计制作方法大致有如下几点:

1. 设计人员要透彻了解商品或行业,熟知消费者的心理习性和规律,知己知彼,方能百战不殆。

2. "爱美之心,人皆有之",故设计要新颖有创意,印刷要精致美观,吸引更多人的眼球。

3. DM 的设计形式无法则,可视具体情况灵活掌握,自由发挥,出奇制胜。

4. 充分考虑其折叠方式,尺寸大小,实际有多重,应便于邮寄。

5. 可在折叠方法上多花些心思,比如借鉴中国传统折纸艺术,让人耳目一新,但切记要使接收者方便拆阅。

6. 配图时,多选择与所传递信息有强烈关联的图案,刺激记忆。

7. 考虑色彩的魅力。

8. 好的 DM 莫忘纵深拓展,形成系列,以积累广告资源。在普通消费者眼里,DM 与街头散发的小报没多大区别,印刷粗糙,内容低劣,是一种避之不及的广告垃圾。其实,要想打动并非铁石心肠的消费者,不在 DM 上下一番深功夫是不行的。在 DM 中,精品与次品往往一步之隔,要使 DM 成为精品而不是次品,就必须借助一些有效的广告技巧来提高 DM 效果。

项目 11-2　书籍装帧设计

书籍装帧设计是指书籍的整体设计,它包括的内容比较多,其中护封、扉页和插画设计是其中的三大主体设计要素,护封是书籍装帧设计艺术的门面,它是通过艺术形象来反映书籍的内容,在当今琳琅满目的书海中,书籍的护封起了一个无声的推销员作用,它的优劣在一定程度上将会影响人们的购买欲。

项目任务

利用 CorelDRAW X8 的图像绘制功能制作"古卷轴"书籍护封和"CorelDRAW X6 中文版实用案例教程"教材护封。

设计构思

1. "古卷轴"书籍护封设计

本实训"书籍护封设计"效果是由书籍的封面、封底、书脊三部分组成的。如图 11-32(a)所示,从画面中看到:醒目的书名,古朴的色彩,封面添加黄色古卷轴图案,给读者带来一种古旧书籍的感觉。

2. "CorelDRAW X6 中文版实用案例教程"教材护封设计

本实训"书籍护封设计"效果是由书籍的封面、封底、书脊三部分组成的。如图 11-32(b)所示,从画面中看到:本教材部分实例效果图和教材简介等,整体色调为绿色。

(a)书籍护封　　　　　　　　　　(b)教材护封

图 11-32　书籍和教材护封设计效果

完成过程

1.书籍护封设计

Step 1 执行菜单栏中的"文件"→"新建"命令(或按 Ctrl+N 快捷键),新建一个宽 387 mm、高 260 mm 的页面,并单击属性栏中的"横向" □ 按钮。

Step 2 在纵向 0 mm、185 mm、202 mm、386 mm 处,横向 0 mm、260 mm 处用鼠标拖曳出辅助线形成书籍的轮廓,如图 11-33 所示。

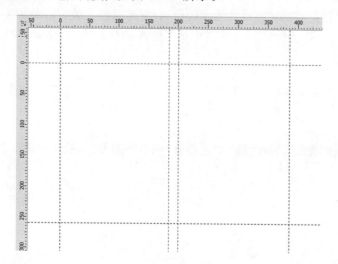

图 11-33 确定书籍的大体轮廓

"古卷轴"书籍护封设计

Step 3 选用工具箱中的"矩形工具" □ 绘制一个矩形,填充的颜色为 CMYK(30,30,53,0),无轮廓,如图 11-34 所示。

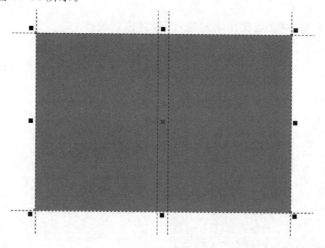

图 11-34 绘制矩形(2)

Step 4 继续选用工具箱中的"矩形工具" □ 绘制一个略小一点的矩形,填充的颜色为 CMYK(80,79,56,24),无轮廓,如图 11-35 所示。

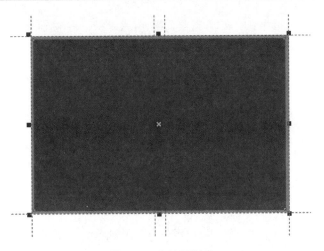

图 11-35 绘制矩形(3)

Step 5 选用工具箱中的"矩形工具" 绘制一个矩形,填充的颜色为 CMYK(28,27,54,0),无轮廓,效果如图 11-36 所示。

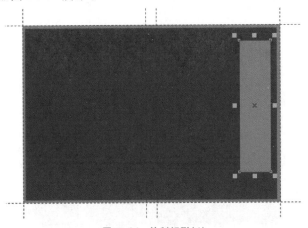

图 11-36 绘制矩形(4)

Step 6 选用工具箱中的"矩形工具" 绘制两个矩形,无填充,轮廓色为 CMYK(80,79,56,24),效果如图 11-37 所示。

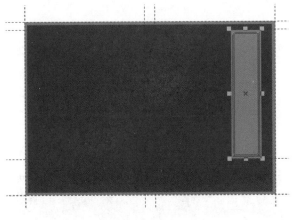

图 11-37 绘制两个矩形(1)

Step 7 选用工具箱中的"文本工具" **字** 输入文字"古卷轴 老李作品集",效果如图 11-38 所示。

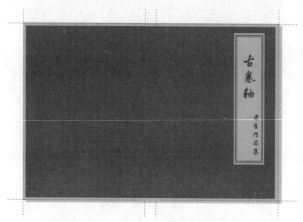

图 11-38 输入文字(3)

Step 8 执行菜单栏中的"文件"→"导入"命令(或按 Ctrl+I 快捷键)命令,导入"古卷轴.jpg"位图,执行菜单栏中的"位图"→"位图颜色遮罩"命令去掉白色,效果如图 11-39 所示。

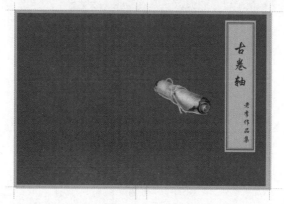

图 11-39 导入位图(2)

Step 9 执行菜单栏中的"编辑"→"插入条码"命令,在页面左下方添加条形码,如图 11-40 所示。

图 11-40 添加条形码

Step 10 在书脊处用"贝塞尔工具" 添加两条直线，如图 11-41 所示。

图 11-41　添加两条直线

Step 11 选用工具箱中的"文本工具" **字** 添加相关的文字，最终效果如图 11-42 所示。

图 11-42　输入文字（4）

2. 教材护封设计

Step 1 执行菜单栏中的"文件"→"新建"命令（或按 Ctrl＋N 快捷键）命令，建立一个新的文件，设置其大小与方向属性，如图 11-43 所示。

图 11-43　设置页面尺寸（3）

Step 2 选用工具箱中的"选择工具" 从左边拖曳出两条辅助线，分别在 185 mm 和 205 mm 处，如图 11-44 所示。

Step 3 在页面的左边选用工具箱中的"矩形工具" 绘制一个矩形，填充颜色为 CMYK(58,0,100,0)，如图 11-45 所示。

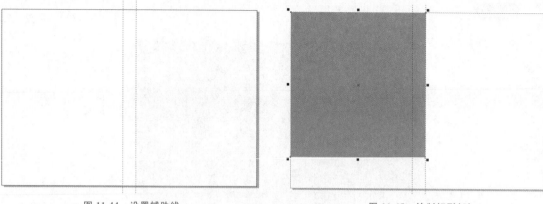

图 11-44　设置辅助线　　　　　　　　　　　　　　　　图 11-45　绘制矩形(5)

Step 4　在页面的右边选用工具箱中的"矩形工具"□绘制一个矩形,并设置矩形的右上角圆角半径为 10 mm,填充颜色为 CMYK(58,0,100,0),如图 11-46 所示。

Step 5　继续绘制白色矩形,如图 11-47 所示。

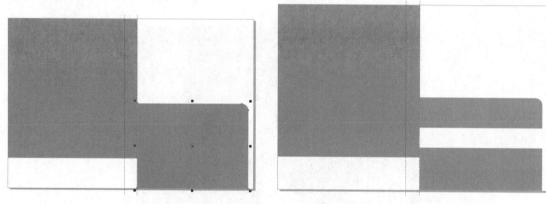

图 11-46　绘制矩形(6)　　　　　　　　　　　　　　　　图 11-47　绘制白色矩形

Step 6　在页面右上角绘制圆角半径为 0.5 mm 的矩形,轮廓色为 CMYK(58,0,100,0),无填充色,如图 11-48 所示。

Step 7　打开"变换"泊坞窗,将圆角矩形向下向左复制若干个,如图 11-49 所示。

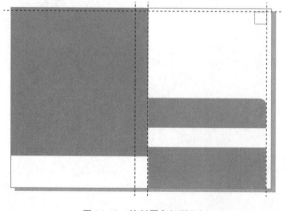

图 11-48　绘制圆角矩形(2)

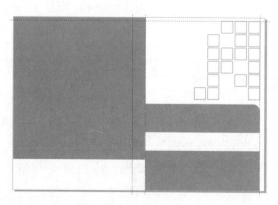

图 11-49　复制圆角矩形

Step 8　执行菜单栏中的"效果"→"图框精确剪裁"→"置于图文框内部"命令,将本教材中的部分效果图置于圆角矩形内,如图 11-50 所示。

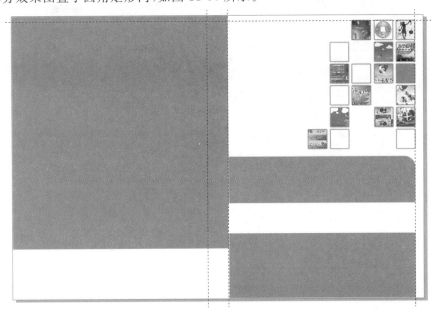

图 11-50　将效果图置于圆角矩形内部

Step 9　同理在页面左边绘制矩形,将效果图置于矩形内,如图 11-51 所示。

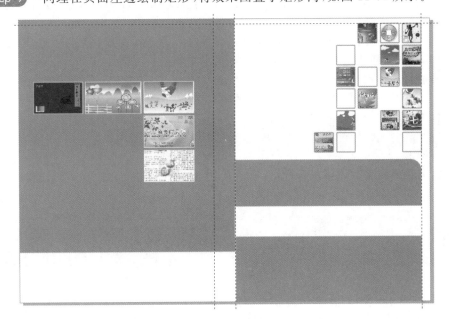

图 11-51　将效果图置于矩形内部

Step 10　执行菜单栏中的"文件"→"导入"命令,导入 CorelDRAW X6 LOGO 于页面右上方。

Step 11　执行菜单栏中的"编辑"→"插入条码"命令插入条形码。

Step 12　选用工具箱中的"文本工具"字继续添加相关文字信息,得到如图 11-52 所示最终效果。

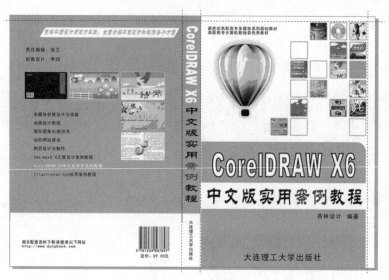

图 11-52　教材护封最终效果

经验指导

1. 书籍装帧概念

书籍装帧是指开本、字体、版面、插图、封面、护封以及纸张、印刷、装订和材料的艺术设计。

2. 书籍设计的任务

书籍设计的任务是恰当而有效地表现书籍内容。要考虑到读者对象的年龄、职业、文化程度、民族地区的不同和使用方便,照顾他们的审美水平和欣赏习惯。

3. 书籍护封的结构

书籍护封一般由封面、书脊、封底、勒口组成,比较考究的平装书一般会在前封和后封的外切口处留有一定尺寸的封面纸向里转折 5～10 cm。前封翻口处称为前勒口,后封翻口处称为后勒口。

4. 评价标准

要根据书籍的内容和风格进行设计,简洁大方,具有时代感,形式美感强,视觉冲击力强。

项目 11-3　VI 设计

VI 即 Visual Identity,通常译为视觉识别系统,是 CIS 系统中最具传播力和感染力的部分。VI 是将 CI 的非可视内容转化为静态的视觉识别符号,以十分丰富的应用形式,在最为广泛的层面上进行最直接的传播。设计到位、实施科学的视觉识别系统,是传播企业经营理念、建立企业知名度、塑造企业形象的快速便捷之途。

项目任务

利用 CorelDRAW X8 的图像绘制功能进行厦门金鑫数码科技有限公司 VI 的设计。

设计构思

本实训是完成厦门金鑫数码科技有限公司 VI 设计中的标志设计、名片设计、信封设计和便笺设计,作为 IT 企业和其他企业一样都要有自己专用的标志,虽然它是一种符号,但它能表现出一定的含义,传达出一种信息,具备识别性、象征性和冲击性,如图 11-53 所示。

（a）标志效果　　　　　（b）名片效果　　　　　（c）信封效果　　　　　（d）便笺效果

图 11-53　VI 设计效果

完成过程

1.标志设计

Step 1　执行菜单栏中的"文件"→"新建"命令（或按 Ctrl＋N 快捷键）,新建一个 A4 页面。

Step 2　选用工具箱中的"矩形工具" ☐ 绘制一个宽 70 mm、高 59 mm 的矩形,填充颜色为 CMYK(100,0,0,0),无轮廓,设置圆角半径为 8 cm,双击矩形,将鼠标移至矩形边沿拖动使矩形倾斜,如图 11-54 所示。

Step 3　选用工具箱中的"矩形工具" ☐ 绘制矩形,填充白色,无轮廓,旋转后得到如图 11-55 所示效果。

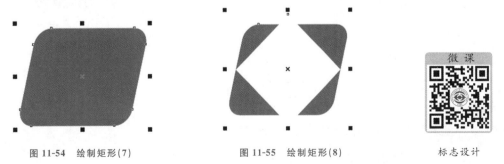

图 11-54　绘制矩形(7)　　　　图 11-55　绘制矩形(8)　　　　标志设计

Step 4　选用工具箱中的"变形工具" ☒ 中的"推拉变形",在"推拉失真振幅"文本框中输入 60,如图 11-56 所示。

Step 5 移动变形中心点的位置以调整图形的变形效果,如图 11-57 所示。

图 11-56　推拉变形　　　　　　　　图 11-57　移动变形中心点的位置

Step 6 选用工具箱中的"椭圆形工具"○ 绘制两个椭圆形,填充颜色为 CMYK(100,0,
0,0),无轮廓,如图 11-58 所示。

Step 7 选用工具箱中的"文本工具"字,选择"综艺体",输入"金鑫数码",颜色为
CMYK(100,0,0,0),按 Ctrl＋Q 快捷键将其转换为曲线,如图 11-59 所示。

图 11-58　绘制椭圆形　　　　　　　　图 11-59　输入文字(5)

2. 名片设计

Step 1 执行菜单栏中的"文件"→"新建"命令(或按 Ctrl＋N
快捷键),新建一个 A4 页面,并单击属性栏中的"纵向"□ 按钮。

Step 2 选用工具箱中的"矩形工具"□ 绘制矩形,其宽为
55 mm、高为 90 mm。

名片设计

Step 3 执行菜单栏中的"文件"→"导入"命令(或按 Ctrl＋I 快捷键)导入素材"金鑫数
码标志.cdr",将导入的标志调整大小,并放置在矩形左上角处,效果如图 11-60 所示。

Step 4 在标志下方绘制一个矩形,填充颜色为 CMYK(100,0,0,0),无轮廓,选用工具
箱中的"文本工具"字在矩形上添加文字,效果如图 11-61 所示。

图 11-60 导入标志(1)   图 11-61 绘制矩形和添加文字

Step 5　选用工具箱中的"贝塞尔工具"✎绘制一条竖线。

Step 6　选用工具箱中的"文本工具"字添加姓名和职务信息,如图 11-62 所示。

Step 7　选用工具箱中的"文本工具"字在页面下方继续添加地址、邮编、电话、传真和
E-mail等信息,最终效果如图 11-63 所示。

图 11-62 添加竖线和文字   图 11-63 添加其他文字信息

3.信封设计

Step 1　执行菜单栏中的"文件"→"新建"命令(或按 Ctrl＋N
快捷键),新建一个 A4 页面,并单击属性栏中的"横向"□按钮。

Step 2　选用工具箱中的"矩形工具"□绘制矩形,其宽为
220 mm、高为 110 mm,如图 11-64 所示。

微 课

信封设计

Step 3　选用工具箱中的"矩形工具" ⬜，在以上矩形的左上角绘制小矩形,其宽度和高度都是9.68 mm,无填充色,轮廓颜色为CMYK(100,0,0,0),如图11-65所示。

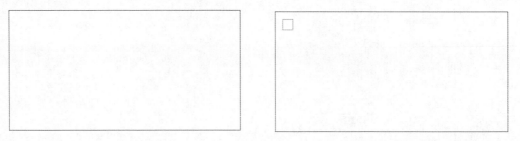

图11-64　绘制矩形(9)　　　　　　　　　图11-65　绘制小矩形

Step 4　执行菜单栏中的"排列"→"变换"→"位置"命令,打开"变换"泊坞窗,进行如图11-66所示设置,单击"应用"按钮复制出五个正方形。

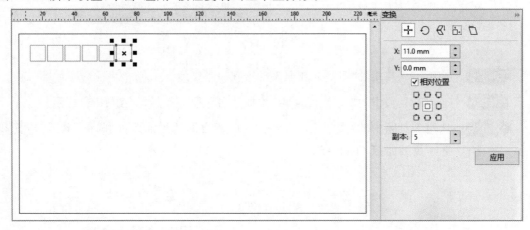

图11-66　复制出五个正方形

Step 5　执行菜单栏中的"文件"→"导入"命令,导入素材"金鑫数码标志.cdr",将导入的标志调整大小,并放置在矩形左下角处,效果如图11-67所示。

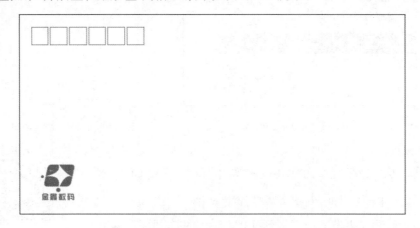

图11-67　添加标志

Step 6　选用工具箱中的"文本工具" 字,输入相关公司信息,如图11-68所示。

图 11-68　添加公司信息

4. 便笺(大、小)设计

微　课

便笺(大、小)设计

Step 1　执行菜单栏中的"文件"→"新建"命令(或按 Ctrl+N 快捷键),新建一个 A4 页面,并单击属性栏中的"纵向" ⬜ 按钮。

Step 2　选用工具箱中的"矩形工具" ⬜ 绘制矩形,其宽为 180 mm、高为 260 mm,如图 11-69 所示。

Step 3　执行菜单栏中的"文件"→"导入"命令,导入素材"金鑫数码标志.cdr",将导入的标志调整大小,并放置在矩形左上角处,效果如图 11-70 所示。

图 11-69　绘制矩形(10)　　　　　　　图 11-70　导入标志(2)

Step 4　选用工具箱中的"文本工具" 字 ,输入相关公司信息,如图 11-71 所示为大张便笺效果。

Step 5　同理按照 Step 1～Step 4,绘制小张便笺,矩形尺寸调整为 132 mm×190 mm,如图 11-72 所示。

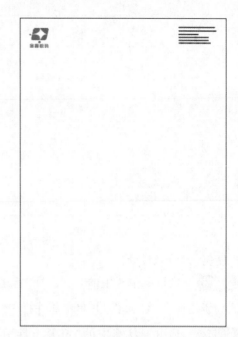

图 11-71　大张便笺效果　　　　　　　图 11-72　小张便笺效果

经验指导

1. VI 设计的一般原则

(1)统一性原则:为了达成企业形象对外传播的一致性与一贯性,应该运用统一设计和统一大众传播,将信息与认识个性化、明晰化、有序化,把各种形式传播媒体上的形象统一,创造能储存与传播的统一的企业理念与视觉形象,这样才能集中与强化企业形象,使信息传播更为迅速有效,给社会大众留下强烈的印象与影响力。

(2)差异性原则:企业形象为了能获得社会大众的认同,必须是个性化的、与众不同的,因此差异性的原则十分重要。差异性首先表现在不同行业的区分,因为,在社会大众心目中,不同行业的企业与机构均有其行业的形象特征,如化妆品企业与机械工业企业的企业形象特征应是截然不同的。在设计时必须突出行业特点。其次必须突出与同行业其他企业的差别,才能独具风采,脱颖而出。

(3)民族性原则:企业形象的塑造与传播应该依据不同的民族文化。塑造能跻身于世界之林的中国企业形象,必须弘扬中华民族文化优势,灿烂的中华民族文化,是我们取之不尽、用之不竭的源泉,有许多值得我们吸收的精华,有助于我们创造中华民族特色的企业形象。

(4)有效性原则:有效性是指企业经策划与设计的 VI 计划能得以有效地推行运用,VI 是解决问题的,不是企业的装扮物,因此其可操作性是一个十分重要的方面。企业 VI 计划要具有有效性,能够有效地发挥树立良好企业形象的作用,在其策划设计时必须根据企业自身的情况,企业的市场营销的地位,在推行企业形象战略时确立准确的形象定位,然后以此定位进行发展规划。

2. 一套 VI 设计的主要内容

(1)基本要素系统

①标志

②标准字

③标准色

④标志和标准字的组合

(2)应用系统

①办公用品:信封、信纸、便笺、名片、徽章、工作证、请柬、文件夹、介绍信、账票、备忘录、资料袋、公文表格等。

②企业外部建筑环境:建筑造型、公司旗帜、企业门面、企业招牌、公共标识牌、路标指示牌、广告塔、霓虹灯广告、庭院美化等。

③企业内部建筑环境:企业内部各部门标识牌、常用标识牌、楼层标识牌、企业形象牌、旗帜、广告牌、POP 广告、货架标牌等。

④交通工具:轿车、面包车、大巴士、货车、工具车、油罐车、轮船、飞机等。

⑤服装服饰:经理制服、管理人员制服、员工制服、礼仪制服、文化衫、领带、工作帽、纽扣、肩章、胸卡等。

⑥广告媒体:电视广告、杂志广告、报纸广告、网络广告、路牌广告、招贴广告等。

⑦产品包装:纸盒包装、纸袋包装、木箱包装、玻璃容器包装、塑料袋包装、金属包装、陶瓷包装、包装纸。

⑧公务礼品:T 恤衫、领带、领带夹、打火机、钥匙牌、雨伞、纪念章、礼品袋等。

⑨陈列展示:橱窗展示、展览展示、货架商品展示、陈列商品展示等。

⑩印刷品:企业简介、商品说明书、产品简介、年历等。

3. 企业 VI 设计如何入手

实施 VI 战略是企业信息传播的系统工程。企业的视觉识别系统将企业理念、企业价值观,通过静态的、具体化的、视觉化的传播系统,有组织、有计划和正确、准确、快捷地传达出去,并贯穿在企业的经营行为之中,使企业的精神、思想、经营方针、经营策略等主体性的内容通过视觉表达的方式得以外显化。使社会公众能一目了然地掌握企业的信息,产生认同感,进而达到企业识别的目的。

企业识别系统应以建立企业的理念识别为基础。换句话说,视觉识别的内容,必须反映企业的经营思想、经营方针、价值观念和文化特征,并广泛应在企业的经营活动和社会活动中进行统一的传播,与企业的行为相辅相成。因此,企业识别系统设计的首要问题是企业必须从识别和发展的角度,从社会和竞争的角度,对自己进行定位,并以此为依据,认真整理、分析、审视和确认自己的经营理念、经营方针、企业使命、企业哲学、企业文化、运行机制、企业特点以及未来发展方向,使之演绎为视觉的符号或符号系统。其次,是将具有抽象特征的视觉符号或符号系统，设计成视觉传达的基本要素，统一地、有控制地应用在企业行为的方方面面，达到建立企业形象的目的。在设计开发过程中，从形象概念到设计概念，再从设计概念到视觉符号，是两个关键的阶段。这两个阶段把握好了，企业视觉传播的基础就具备了。就 VI 设计开发的程序而言，可依以下步骤进行：

（1）制作设计开发委托书，委托设计公司，明确 VI 设计的开发目标、主旨、要点等。

（2）说明设计开发要领，依调查结果确定新方针。

（3）探讨企业标志要素概念与草图，即探讨拟定标志设计概念，再从构想出来的多数设计方案中，挑选几个代表性的标志图案。

（4）企业标志设计图案展现。

（5）选择及测试设计方案，包括对外界主要关系者、公司内部职员进行设计方案的意见调查，进而选定造型优美反映良好的作品。

（6）企业标志设计要素精致化。对选定的标志设计方案，进行精致化作业，如造型上的润饰、应用上的审视，以利于开发设计。

（7）展现基本要素和系统的提案。其他基本要素的开发可和标志要素精致化同时进行，将标志、要素同其他基本设计要素之间的关系、用法、规定提出企划案。

（8）编辑基本设计要素和系统手册。

（9）企业标准应用系统项目的提案。进行展开应用设计，包括名片、文具类、招牌、事务用名等，在此阶段建立应用设计系统。

（10）一般应用项目的设计开发。在上述阶段所开发设计的项目之外，按照开发应用计划，进行一般的应用设计项目设计开发。

（11）进行测试、打样。

（12）开始新设计的应用。

（13）编辑设计应用手册。

项目 11-4　包装设计

项目任务

利用 CorelDRAW X8 的图像绘制功能进行中秋月饼盒包装平面展开图和立体效果图的设计。

设计构思

本实训是完成中秋月饼包装盒平面展开图和立体图的设计,在设计上整体色调为红色,画面配有月亮和祥云,突出中秋喜庆效果,并放置月饼的图样,让用户一眼就能知晓这是月饼盒,中秋月饼包装盒的平面展开图和立体效果如图 11-73 所示。

(a)平面展开图   (b)立体效果图

图 11-73　包装设计效果

完成过程

1.绘制包装平面展开图

Step 1　执行菜单栏中的"文件"→"新建"命令(或按 Ctrl+N 快捷键),新建一个页面,在属性栏中设置新文档的参数,如图 11-74 所示。

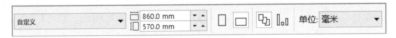

图 11-74　设置页面参数(4)

Step 2　执行菜单栏中的"查看"→"辅助线设置"命令,弹出"选项"对话框,在左边的选项列表框中选择"水平"选项,然后在右侧的参数设置区中设置如图 11-75 所示参数。

图 11-75　添加水平辅助线

微课

绘制包装平面展开图

Step 3 在左侧选项列表框中选择"垂直"选项,并在右侧设置参数,如图 11-76 所示。

图 11-76　添加垂直辅助线

Step 4 单击"确定"按钮,绘图页面中就添加了辅助线,如图 11-77 所示。

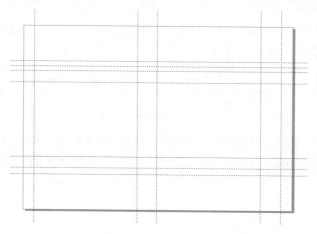

图 11-77　添加的水平和垂直辅助线

Step 5 选用工具箱中的"矩形工具" □ 绘制如图 11-78 所示矩形,取消其轮廓线,填充线性渐变色从左到右为 CMYK(0,100,100,0)→CMYK(20,100,75,0)。

Step 6 选用工具箱中的"椭圆形工具" ○ 绘制一个圆形,填充红色(CMYK:0,100,100,0)到黄色(CMYK:0,0,100,0)的线性渐变,取消轮廓线。选择"位图"→"转换为位图"命令,将其转换为透明背景的位图,如图 11-79 所示。

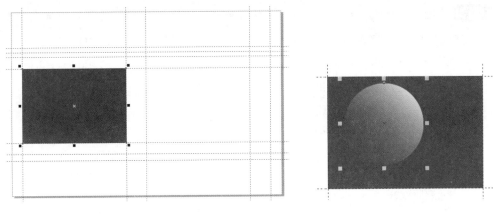

图 11-78　绘制矩形(11)　　　　　　　　图 11-79　绘制圆形并填充渐变

Step 7　选择菜单栏中的"位图"→"模糊"→"动态模糊"命令,如图 11-80 所示设置参数,单击"确定"按钮,得到"动态模糊"效果。

图 11-80　为圆形应用"动态模糊"效果

Step 8　选用工具箱中的"矩形工具" □ 绘制矩形,轮廓色为黑色,无填充色,轮廓线粗细为 8 mm。

Step 9　执行菜单栏中的"窗口"→"泊坞窗"→"圆角/扇形角/倒棱角"命令,选择"扇形角",设置半径为 18 mm,如图 11-81 所示。

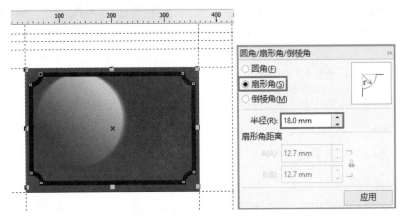

图 11-81　绘制矩形并设置扇形角

Step 10　同时选中底图矩形和圆月,然后右击,在弹出的快捷菜单中选择"锁定对象"选项,将所选的对象锁定,以免在下面的操作中被误移。

Step 11 因为轮廓无法填充渐变色，按 Ctrl＋Shift＋Q 快捷键将线条转换成图形对象，按 F11 键弹出"编辑填充"对话框，设置参数："类型"为"圆锥形渐变填充"，旋转（角度）为 43.6°，从左到右渐变色 CMYK 值分别为(0,0,100,0)、(0,0,0,0)、(0,0,100,0)，其他参数不变，单击"确定"按钮，效果如图 11-82 所示。

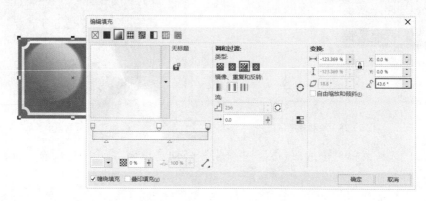

图 11-82　为轮廓填充渐变效果

Step 12 选用工具箱中的"钢笔工具" ✒ 绘制祥云，设置线宽为"3.0 mm"，轮廓线为黄色(CMYK：0,0,100,0)，复制祥云，并放于画面合适位置，效果如图 11-83 所示。

Step 13 执行菜单栏中的"文件"→"导入"命令，将"中秋.psd"和"月饼.psd"位图导入如图 11-84 所示位置。

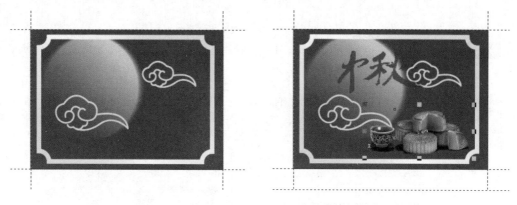

图 11-83　绘制祥云　　　　　　　　　　图 11-84　添加文字和图片

Step 14 选用工具箱中的"矩形工具" ▭，绘制一个长条矩形，填充线性渐变，从左到右 CMYK 值分别为(0,100,100,0)、(0,0,30,0)、(0,100,100,0)。

Step 15 选用工具箱中的"文本工具" 字 输入文本"精制月饼"，字体为"宋体"，字号为 "28 pt"，如图 11-85 所示。

Step 16 选用工具箱中的"文本工具" 字，输入如图 11-86 所示文字，置于画面左上角。

图 11-85　添加渐变和文字　　　　　　　　图 11-86　输入文字(6)

Step 17　执行菜单栏中的"对象"→"对所有对象解锁"命令,将所有图形解锁。用鼠标框选所有图形,按 Ctrl＋G 快捷键组合成一个整体。按下 Ctrl＋D 快捷键进行复制,将复制的图形移动到图 11-87 所示位置。

图 11-87　复制组合对象

Step 18　选用工具箱中的"矩形工具" ▢在绘图页面依次绘制出如图 11-88 所示矩形,填充红色(CMYK:0,100,100,0)。

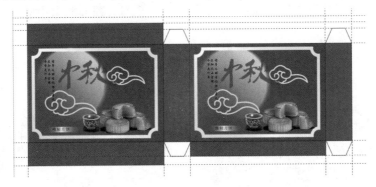

图 11-88　绘制矩形及梯形

Step 19　选用工具箱中的"基本形状工具" ▱,在属性栏中选择相关形状绘制梯形,如图 11-88 所示。

Step 20　选用工具箱中的"矩形工具" ▢在如图 11-89 箭头所示位置绘制圆角矩形。

Step 21　执行菜单栏中的"编辑"→"插入条码"命令,弹出"条码导向"对话框,输入条码

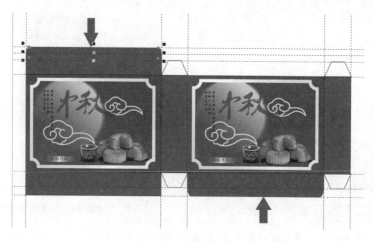

图 11-89　绘制圆角矩形(3)

数字,其他默认,单击"下一步"按钮,最后单击"完成"按钮完成条码的添加,将其旋转、移动到如图 11-73 所示位置。

Step 22　选用工具箱中的"文本工具"字在中间位置添加相关信息文字,得到如图 11-73(a)所示最终效果。

2.绘制包装立体图

Step 1　执行菜单栏中的"文件"→"新建"命令(或按 Ctrl+N 快捷键),新建一页面,在属性栏中设置新文档的参数,如图 11-90 所示。

微课

绘制包装立体图

图 11-90　设置页面尺寸(5)

Step 2　双击工具箱中的"矩形工具"□,创建一个与页面同样大小的矩形,填充黑白辐射渐变色,如图 11-91 所示。

Step 3　分别将包装盒平面效果图中的正面、侧面图形复制到新页面中,选用工具箱中的"矩形工具"□绘制一个无轮廓、红色的矩形作为顶面,放置在如图 11-92 所示位置。

图 11-91　绘制一个渐变背景

图 11-92　绘制一个顶面

Step 4　选用工具箱中的"选择工具" ,在顶面图形和侧面图形上双击,并倾斜移动得如图 11-93 所示效果。

Step 5　选用工具箱中的"矩形工具" □ 绘制一个矩形,进行倾斜,填充铁色(CMYK:100,0,70,90),取消轮廓线,然后将图层顺序调整至包装盒三个面的下方,如图 11-94 所示。

图 11-93　倾斜图形　　　　　　　　　　　　图 11-94　添加阴影

Step 6　将包装盒的顶面与侧面颜色改为中国红(CMYK:50,90,100,0),选择包装盒的正面、侧面图形,执行菜单栏中的"窗口"→"泊坞窗"→"变换"命令,打开"变换"泊坞窗,将它们在垂直方向上镜像复制,如图 11-95 所示。

Step 7　执行菜单栏中的"位图"→"转换为位图"命令,将复制的图形转换为位图。

Step 8　选用工具箱中的"形状工具" 调整位图大小,结果如图 11-96 所示。

图 11-95　镜像复制图形　　　　　　　　图 11-96　转换位图并调整尺寸

Step 9　选用工具箱中的"透明度工具" ▦ ,对位图调整不透明度,得如图 11-73(b)所示最终效果图。

经验指导

包装设计应从商标、图案、色彩、造型、材料等构成要素入手,下面主要介绍包装的图案设计和色彩设计要点。

1. 包装图案设计

包装图案对顾客的视觉冲击比品牌名称更具体和强烈,它的设计应遵循以下原则:

（1）包装图案中的商品图片、文字和背景的配置必须以吸引顾客注意力为中心。

（2）形式与内容要表里如一，一看包装即可知晓商品本身。

（3）要充分展示商品。这主要采取两种方式，一是用产品的真实的或艺术化的照片表现产品；二是直接展示产品本身，例如采用全透明包装。

（4）要有详尽的文字说明。在包装图案上应有关于产品的原料、配制、功效、使用和养护等的具体说明，必要时还应配上简洁的示意图。

（5）凡一家企业生产的或属于同一品牌商标的商品，包装的造型与图案设计均采用同一格局，甚至同一个色调，让顾客一看便知产品是哪家品牌。

（6）要注意包装的推销性能设计，即无须销售人员的介绍或示范，顾客只凭包装画面就可以了解商品，从而决定是否购买。

2. 包装色彩设计

在激烈的市场竞争中，要使商品具有明显区别于其他商品的视觉特征，更富有诱惑消费者的魅力和增强人们对品牌的记忆，色彩的设计与运用是非常关键的一个环节。日本的色彩学专家大智浩曾对包装的色彩设计提出以下八点要求。

（1）包装色彩是否具有清楚的识别性，是否能让人在琳琅满目的货架上一眼就看见该商品。

（2）包装色彩是否能很好地象征商品的特色。

（3）包装色彩是否与其他设计要素和谐统一，是否能有效地表示商品的品质与分量。

（4）包装色彩是否为商品购买阶层所接受。

（5）包装色彩是否具有较高的明度，并能对文字有很好的衬托作用。

（6）单个包装的效果与多个包装的叠放效果如何。

（7）色彩在不同市场、不同陈列环境中是否都充满活力。

（8）包装色彩是否不受色彩管理与印刷的限制，效果如一。

项目 11-5　户外广告设计

户外广告（Out Door）简称 OD，主要指在城市的交通要道两边，主要建筑物的楼顶和商业区的门前、路边等户外场地设置的发布广告信息的媒介，主要形式包括招贴、路牌、霓虹灯、电子屏幕、灯箱、气球、飞艇、车厢、大型充气模型等。优秀的户外广告应该是城市的窗口，户外广告应是和城市规划、环境保护、精神文明等密切相关的。

项目任务

利用 CorelDRAW X8 的图像绘制功能设计制作地产类户外广告和小车类户外广告。

设计构思

1. 地产类户外广告

本实训"秀水佳园·丽苑"户外广告效果图是由左、右两个页面组成的,张贴于户外的媒体上,左边是楼盘的总体信息,右边给出楼盘的特色,总体效果如图 11-97(a)所示。

2. 小车类户外广告

本实训"英伦小车——我非你不'娶'"户外广告效果图由一面组成,可以张贴于户外的墙体上,引人注目的阿拉伯数字"3"告诉观众"我非你不'娶'"的三大理由,总体效果如图 11-97(b)所示。

(a)地产类户外广告　　　　　　　　　　　　　(b)小车类户外广告

图 11-97　户外广告设计效果

完成过程

1. 地产类户外广告

Step 1　执行菜单栏中的"文件"→"新建"命令(或按 Ctrl＋N 快捷键),新建一个页面,并单击属性栏中的"横向"□按钮,设置页面大小为 446 mm×286 mm。

Step 2　执行菜单栏中的"文件"→"导入"命令,将"楼盘背景.cdr"导入如图 11-98 所示位置。

Step 3　选用工具箱中的"矩形工具"□在"楼盘背景"下面绘制一个矩形(210 mm×33 mm),填充颜色,CMYK 值为(40、59、79、55),无轮廓,效果如图 11-99 所示。

微课

地产类户外广告

图 11-98　导入楼盘背景图　　　　　　　　图 11-99　绘制矩形(12)

Step 4　执行菜单栏中的"文件"→"导入"命令，将"楼盘 LOGO. cdr"和"地理位置图. cdr"导入如图 11-100 所示位置。

Step 5　选用工具箱中的"文本工具"**字**在相关位置添加相关文字，如图 11-101 所示。

图 11-100　添加 LOGO 和地理位置图　　　　　图 11-101　添加文字信息

Step 6　选用工具箱中的"矩形工具"☐在页面右边绘制矩形，黑色边框、无填充色，如图 11-102 所示。

Step 7　选用工具箱中的"矩形工具"☐在上一步的矩形中间绘制一个略小一点的矩形，填充椭圆形渐变，从左到右 CMYK 值分别为(39,59,79,19)、(21,51,62,0)，效果如图 11-103 所示。

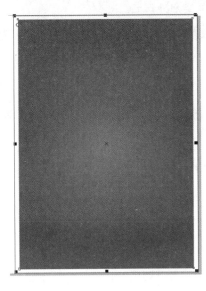

图 11-102　绘制矩形(13) 　　　　　　　　　图 11-103　绘制一个略小一点的矩形

Step 8　选用工具箱中的"矩形工具"□绘制一个填充色为白色、无轮廓的矩形,如图 11-104 所示。

Step 9　执行菜单栏中的"文件"→"导入"命令,将"楼盘图.psd"和"楼盘实景.cdr"导入如图 11-105 所示位置。

Step 10　执行菜单栏中的"文件"→"导入"命令,将"户型图.cdr"导入如图 11-106 所示位置。

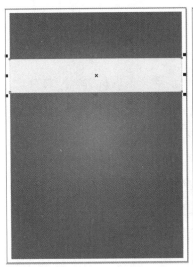

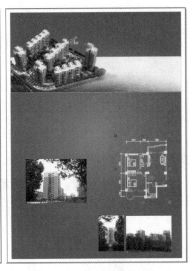

图 11-104　绘制矩形(14)　　　　　图 11-105　导入图片(1)　　　　　图 11-106　导入户型图

Step 11　选用工具箱中的"文本工具"字在相关位置添加相关文字得到如图 11-97(a)所示最终效果。

2. 小车类户外广告

Step 1　执行菜单栏中的"文件"→"新建"命令（或按 Ctrl＋N 快捷键），新建一个 A4 页面，并单击属性栏中的"横向"□按钮，设置页面大小为 800 mm×400 mm。

微课

车类户外广告

Step 2　选用工具箱中的"贝塞尔工具"✐勾画出阿拉伯数字"3"，并填充红色，无轮廓，如图 11-107 所示。

Step 3　选用工具箱中的"矩形工具"□绘制两个填充色为红色、无轮廓的矩形，如图 11-108 所示。

图 11-107　绘制"3"图形

图 11-108　绘制两个矩形(2)

Step 4　选用工具箱中的"贝塞尔工具"✐绘制如图 11-109 所示白线。

Step 5　选用工具箱中的"矩形工具"□绘制四个矩形，如图 11-110 所示。

图 11-109　添加白线

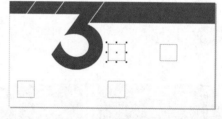

图 11-110　绘制矩形(15)

Step 6　执行菜单栏中的"效果"→"图框精确剪裁"→"置于图文框内部"命令，将英伦小车相关图片置于矩形内，如图 11-111 所示。

Step 7　执行菜单栏中的"文件"→"导入"命令，将"英伦小车 LOGO. cdr"导入如图 11-112 所示位置。

图 11-111　置入图片

图 11-112　导入"英伦小车 LOGO. cdr"

Step 8 选用工具箱中的"文本工具"字在四张图片位置添加"爱"字,如图 11-113 所示。

图 11-113 添加四个"爱"

Step 9 选用工具箱中的"文本工具"字在相关位置添加相关文字,得到如图 11-97(b) 所示最终效果。

经验指导

户外广告设计要点:

1. 独特性

户外广告的对象是动态中的行人,行人通过可视的广告形象来接收商品信息,所以户外广告设计要全盘考虑距离、视角、环境三个因素。在空旷的大广场和马路的人行道上,受众在 10 米以外的距离,看高于头部 5 米的物体比较方便。所以说,设计的第一步要根据距离、视角、环境三个因素来确定广告的位置、大小。常见的户外广告一般为长方形、正方形,我们在设计时要根据具体环境而定,使户外广告外形与背景协调,产生视觉美感。形状不必强求统一,可以多样化,大小也应根据实际空间的大小与环境情况而定。如意大利的路牌不是很大,与其古老的街道相统一,十分协调。户外广告要着重创造良好的注视效果,因为广告成功的基础来自注视的接触效果。

2. 提示性

既然受众是流动着的行人,那么在设计中就要考虑到受众经过广告的位置、时间。烦琐的画面,行人是不愿意接受的,只有出奇制胜地以简洁的画面和揭示性的形式引起行人注意,才能吸引受众观看广告。所以户外广告设计要注重提示性,图文并茂,以图像为主导,文字为辅助,使用文字要简单明了,切忌冗长。

3. 简洁性

简洁性是户外广告设计中的一个重要原则,整个画面乃至整个设施都应尽可能简洁,设计时要独具匠心,始终坚持在少而精的原则下去冥思苦想,力图给观众留有充分的想象余地。要知道消费者对广告宣传的注意值与画面上信息量的多少成反比。画面形象越繁杂,给观众的感觉越紊乱;画面越单纯,消费者的注意值也就越高。这正是简洁性的有效作用。

4. 计划性

成功的户外广告必须同其他广告一样有其严密的计划。广告设计者没有一定的目标和广告战略,广告设计便失去了指导方向。所以设计者在进行广告创意时,首先要进行一番市场调查、分析、预测的活动,在此基础上制定出广告的图形、语言、色彩、对象、宣传层面和营销战略。广告一经发布,不仅会在经济上起到先导作用,同时也会作用于意识领域,对现实生活起到潜移默化的作用。因而设计者必须对自己的工作负责,使作品起到积极向上的美育作用。

5.合理的图形与文案设计

在户外广告中,图形最能吸引人们的注意力,所以图形设计在户外广告设计中尤其重要。图形可分广告图形与产品图形两种形态。广告图形是指与广告主题相关的图形(人物、动物、植物、器具、环境等),产品图形则是指要推销和介绍的商品图形,为的是重现商品的面貌风采,使受众看清楚它的外形和内在功能特点。因此在图形设计时要力求简洁醒目。图形一般应放在视觉中心位置,这样能有效地抓住观众视线,引导他们进一步阅读广告文案,激发共鸣。除了图形设计以外,还要配以生动的文案设计,这样才能体现出户外广告的真实性、传播性、说服性和鼓动性的特点。广告文案在户外广告中的地位十分显著,好的文案能起到画龙点睛的作用。它的设计完全不同于报纸、杂志等媒体的广告文案设计,因为人们在流动状态中不可能有更多时间阅读,所以户外广告文案力求简洁有力,一般都是以一句话(主题语)醒目地提醒受众,再附上简短有力的几句随文说明即可。主题语设计一般不要超过十个字,以七八个字为佳,否则阅读效果会相对降低。一般文案内容分为标题、正文、广告语、随文等几个部分。要尽力做到言简意赅、以一当十、惜字如金、反复推敲、易读易记、风趣幽默、有号召力,这样才能使户外广告富有感染力和生命力。

项目 11-6　画册设计

画册设计可以用流畅的线条、和谐的图片或优美的文字,组合成一本富有创意,又具有可读、可赏性的精美画册。画册可以全方位立体展示企业或个人的风貌、理念,宣传产品、品牌形象。一本好的画册一定要有准确的市场定位,高水准的创意设计,从各角度展示画册载体的风采,画册可以大气磅礴,可以翔实细腻,可以缤纷多彩,可以朴实无华。

项目任务

利用 CorelDRAW X8 的图像绘制功能进行移动公司宣传画册和 7878 商业街宣传画册设计。

设计构思

1.移动公司宣传画册设计

本实训是完成移动公司宣传画册的设计，由四个页面组成，在设计上整体色调为红色，宣传主题"家庭网"，主要告诉用户如何加入"家庭网"，加入"家庭网"的好处，加入"家庭网"后所能享受的优惠等，如图 11-114(a)所示。

2.7878 美食休闲广场宣传画册设计

本实训是完成 7878 美食休闲广场宣传画册设计，由四个页面组成，在设计上左边色调是褐色，右边为黄色，为即将落成的"7878 美食休闲广场"进行招商宣传，主要告诉商户加入"7878 美食休闲广场"的好处，如图 11-114(b)所示。

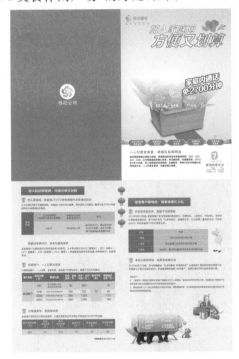

(a)移动公司宣传画册　　　　　　　　(b)7878 美食休闲广场宣传画册

图 11-114　画册设计

完成过程

1.移动公司宣传画册设计

Step 1　执行菜单栏中的"文件"→"新建"命令(或按 Ctrl＋N 快捷键)，新建一个 A4 页面，并单击属性栏中的"纵向"□按钮，设置页面大小为 287 mm×432 mm。

Step 2　选用工具箱中的"矩形工具"□在页面左上方绘制一个矩形，填充红色、无轮廓，如图 11-115 所示。

Step 3 执行菜单栏中的"文件"→"导入"命令,将"移动公司 LOGO1. cdr"导入如图 11-116 所示位置。

图 11-115　绘制矩形(16)

图 11-116　导入 LOGO(1)

移动公司宣传画册设计

Step 4 选用工具箱中的"文本工具"**字**在 LOGO 下面添加相关文字,如图 11-117 所示。

Step 5 执行菜单栏中的"文件"→"导入"命令,将"背景图. cdr"导入如图 11-118 所示位置。

图 11-117　添加相关文字(1)

图 11-118　导入背景图

Step 6 执行菜单栏中的"文件"→"导入"命令,将"移动公司 LOGO2. psd"导入如图 11-119 所示背景图之上。

Step 7 选用工具箱中的"文本工具"**字**在 LOGO 下面添加相关文字,如图 11-120 所示。

图 11-119　导入 LOGO(2)

图 11-120　添加相关文字(2)

Step 8 选用工具箱中的"文本工具"**字**在 LOGO 下面添加文字"加入家庭网方便又划

算",按 Ctrl＋Q 快捷键将文字转换为曲线,添加红色轮廓线,如图 11-121 所示。

Step 9　执行菜单栏中的"文件"→"导入"命令,将灯笼图形导入如图 11-122 所示背景
图之上。

图 11-121　添加相关文字(3)　　　　　图 11-122　导入灯笼图形

Step 10　同理继续导入图形和输入文字,得到如图 11-123 所示效果。

Step 11　选用工具箱中的"贝塞尔工具"勾画出如图 11-124 所示的图形。

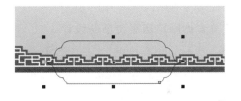

图 11-123　继续导入图形和输入文字　　　　图 11-124　勾画图形(1)

Step 12　选用工具箱中的"选择工具"选择勾画的图形,按 F11 键打开"编辑填充"对
话框,设置参数:"类型"为"线性渐变填充",从左至右的 CMYK 值分别为(2,12,82,0)、
(2,11,49,0)、(3,4,59,0),无轮廓,效果如图 11-125 所示。

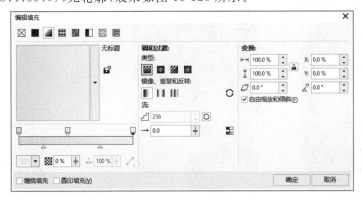

图 11-125　渐变填充

Step 13 选用工具箱中的"选择工具" ,先按下 Ctrl＋C 快捷键,再按下 Ctrl＋V 快捷键,原地复制图形,填充红色,无轮廓,如图 11-126 所示。

Step 14 执行菜单栏中的"对象"→"变换"→"位置"命令,横向移动复制出四个图形,并在之上添加相关文字,如图 11-127 所示。

图 11-126　原地复制出红色图形　　　　图 11-127　横向移动复制出四个图形

Step 15 同理设置背景色、绘制矩形、导入图形、输入文字等得出其他两个页面,最终效果图如图 11-114(a)所示。

2.7878 美食休闲广场宣传画册设计

Step 1 执行菜单栏中的"文件"→"新建"命令(或按 Ctrl＋N 快捷键),新建一个 A4 页面,并单击属性栏中的"横向" 按钮,设置页面大小为 446 mm×715 mm。

Step 2 选用工具箱中的"矩形工具" 在页面左上方绘制一个矩形,填充颜色 CMYK 值为(37,90,100,10),无轮廓,如图 11-128 所示。

Step 3 执行菜单栏中的"文件"→"导入"命令,将"手.cdr"导入如图 11-129 所示位置。

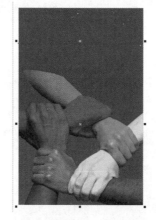

图 11-128　绘制矩形(17)　　　图 11-129　导入图片(2)　　　7878 美食休闲广场宣传画册设计

Step 4 选用工具箱中的"贝塞尔工具" 勾画出如图 11-130 所示的两个图形,分别填充颜色,CMYK 值分别为(39,90,100,30)和(60,90,100,35),无轮廓色。

Step 5　继续选用工具箱中的"贝塞尔工具"勾画出如图 11-131 所示的两个图形,轮廓色为白色。

图 11-130　勾画图形(2)　　　　　图 11-131　勾画图形(3)

Step 6　选用工具箱中的"文本工具"字添加相关文字,如图 11-132 所示。

Step 7　选用工具箱中的"矩形工具"□在页面右上方绘制一个矩形,填充颜色 CMYK 值为(0,15,100,0),无轮廓,如图 11-133 所示。

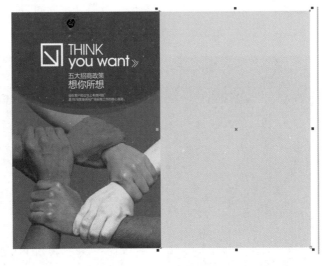

图 11-132　添加相关文字(4)　　　　　图 11-133　绘制矩形(18)

Step 8　选用工具箱中的"多边形工具"○在页面右上方绘制七个三角形,填充颜色, CMYK 值为(60,90,100,35),无轮廓,如图 11-134 所示。

Step 9　选用工具箱中的"文本工具"字添加相关文字,如图 11-135 所示。

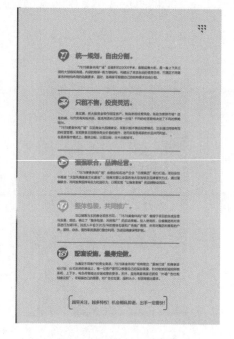

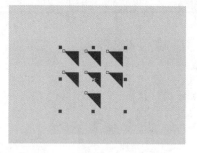

图 11-134　绘制七个三角形　　　　　　　　图 11-135　添加相关文字(5)

Step 10　　同理,在左下方处绘制矩形,填充 CMYK(60,90,100,35),绘制图形,输入相关文字,如图 11-136 所示。

Step 11　　选用工具箱中的"矩形工具"□在页面右下方绘制一个矩形,填充颜色,CMYK值为(0,15,100,0),无轮廓,如图 11-137 所示。

图 11-136　绘制左下方图形　　　　　　　　图 11-137　绘制矩形(19)

Step 12　　选用工具箱中的"贝塞尔工具"✏勾画出如图 11-138 所示的图形,并填充颜色,CMYK 值为(37,90,100,10),无轮廓。

Step 13　　选用工具箱中的"矩形工具"□绘制九个圆角矩形,如图 11-139 所示。

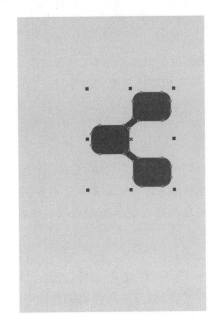

图 11-138　勾画图形(4)

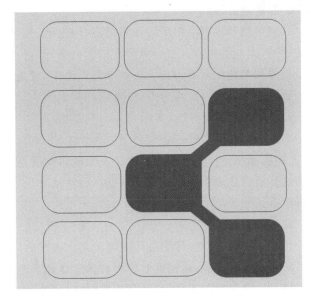

图 11-139　绘制九个圆角矩形

Step 14　执行菜单栏中的"效果"→"图框精确剪裁"→"置于图文框内部"命令,将九张美食图片置于圆角矩形内,如图 11-140 所示。

图 11-140　将美食图片置入圆角矩形

Step 15　继续绘制矩形,添加文字信息,得到如图 11-114(b)最终效果。

经验指导

　　现在社会竞争激烈,一本高质量的企业产品画册已经成为公司或企业对外宣传和展示不可或缺的工具,酒店、药房、房地产等都需要精美别致的画册来宣传自己。一个成功的企业产品画册设计,能够将一个企业的精髓、核心理念和企业文化展现给大家,能够帮助企业从众多的同行对手中脱颖而出,能够深入打动潜在客户,有效地提高转化率,能够为企业树立大气的形象,凝结企业的竞争力,下面让我们了解一下各种行业的画册设计技巧吧。

1. 政府画册设计

政府画册和政府宣传册旨在帮助各级省、市、县、镇政府部门提升政府形象,增强政府的领导力、号召力和凝聚力。政府画册在招商引资、社会宣传等方面起着极其重要的作用。政府画册设计要从当地的环境、人文、历史等特点出发,烘托出大气磅礴的气势,拉近政府与群众的关系。政府画册既可以缤纷多彩,也可以朴实无华。

2. 酒店画册设计

酒店画册和酒店宣传册设计旨在给人以一种"宾至如归"的感觉。"温暖、温馨、舒适、享受"是酒店画册设计要实现的目标。一本酒店画册是不是能够深深地打动和吸引消费者,是判断酒店画册设计成功与否的重要依据。因此从市场出发,站在消费者的角度考虑问题是在酒店画册设计中成功的法宝。

3. 体育画册设计

体育画册和体育宣传册设计以时尚元素表现出体育的特点:活泼、健美、动感、方便。无论是针对某类体育产品,还是针对一次具体的体育活动或体育盛会,都要采用鲜明活泼的元素。同时针对体育内容的不同,可以分别采取"以静制动"、"以动制静"和"动静结合"等不同的表现手法。显然针对瑜伽这类的"静"体育表现是有必要"以静制动"的。体育画册设计的成败还是要看动和静是否搭配相宜。

4. 食品画册设计

食品画册、食品宣传册或者是食品样本设计要从食品本身的特点出发,如何通过精妙的图文组合来打动消费者是关键点。食品讲求"色、香、味",然而一本普通画册何来"香、味"呢?显然这就是设计师的点睛之笔。让消费者看着食品画册就像看着真正的食品;让消费者读着食品宣传册就像闻着食品的香气;让消费者翻着食品样本就像是在体验食品在嘴里消解的快感。

5. 房地产画册设计

房地产画册和房地产宣传册设计要以房地产的楼盘销售为目标。根据宣传画册不同的用途设计上也有很大不同,例如:开盘,楼盘宣传等。要打动消费者青睐我们的楼盘,就要给画册融入一些时尚、前卫、和谐等元素,要将消费者带入一种意境,一种与楼盘空间设计融合的意境。

6. 服装画册设计

服装画册、服装宣传册和服装样本设计是最具考究的设计项目之一。服装设计本身是最讲究时尚(fashion)的,其宣传册设计也是一样,必须把握时尚潮流,紧跟流行,画册所展示的精神要完全和服装相搭配。

7. 招商画册设计

招商画册、招商宣传册设计有一个很重要的着眼点:打动投资者!拿一本简简单单的画册何以能打动投资者呢,这正是招商画册设计师匠心独具的地方。立足于商区,以真实的、和谐的、充满机会的元素将环境投射给投资者,吸引他们的注意力。

8. 公司画册设计

公司画册设计、公司样本设计和公司宣传册设计要立足于公司及公司产品本身。一个好的公司宣传画册不能脱离产品,产品是形;也不能脱离公司的文化,文化是神。只有准确定位,精确把握,实施换位思考,才能使公司画册栩栩如生,形神俱佳。

9. 年报画册设计

年报画册也就是年度报告,通常是公共事业机构和财政部门全年的工作状况及财务状况的一份法律报告。现在的年报画册已经不再是传统意义上的简单报告报表的罗列,年报画册在某种意义上也担当着机构部门形象宣传的职能。一本好的年报画册能快速提升单位和机构对内对外形象。

10. 药品画册设计

药品画册、药品宣传册和药品样本设计要有针对性。显然对普通药品和医院主治医师的宣传和表现策略是不一样的。以温馨、和谐、健康的方式表现出药品的药效、功能等是设计师的拿手好戏。

医院画册、医院宣传册和医院样本设计要强调一个词:健康。以和谐的色调搭配健康的图片并配以真实感人而不夸张的文字,给人以一种"生病了就去这家医院"的感觉。成功的医院宣传画册不是"盼望"着生病,而是传递着"健康"!

11. IT 企业画册设计

IT 企业画册(IT 企业样本)设计一般要包含较多的高科技元素,这需要设计师有着良好的科学文化背景,否则难以表达出 IT 企业高科技的形象。

项目 11-7　卡片设计

卡片设计是平面设计的一种重要形式,卡片有名片、贺卡、VIP 卡、邀请函等多种形式,在绘制卡片时要根据具体的用途设计版式与色彩,卡片设计的形式是由其自身的功能、设计理念、所要传达的信息、应用媒体以及目标受众来决定的。在遵循基本的卡片设计的原则上,同时进行创新设计是现代卡片设计的主流。

项目任务

利用 CorelDRAW X8 的图像绘制功能进行淘宝服务卡设计和 VIP 会员卡设计。

设计构思

1. 淘宝服务卡

本实训是完成淘宝服务卡的设计,大小与普通名片类似,设有正、反面,正面主要是宣传淘宝网店的地址和经营范围,背面主要是一些售后服务指南和打分的方法。效果如图 11-141(a)所示。

2. VIP 会员卡

本实训是完成麒麟投资公司的会员卡、贵宾卡、白金卡和至尊卡的设计,都是正、反面,会员卡和贵宾卡主色调都是红色,白金卡和至尊卡分别是白色和浅黄色,每张卡都有黑色磁条,存放客户信息,在相关活动中便于辨认身份。效果如图 11-141(b)所示。

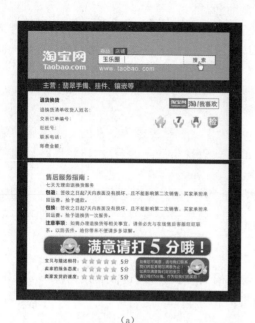

（a）

（b）

图 11-141　卡片设计效果

完成过程

1. 淘宝服务卡

Step 1　执行菜单栏中的"文件"→"新建"命令（或按 Ctrl＋N 快捷键），新建一个 A4 页面，并单击属性栏中的"纵向" ▢ 按钮，设置页面大小为 105 mm×125 mm。

Step 2　双击工具箱中的"矩形工具" ▢，创建一个与页面同样大小的矩形，填充黑色、无轮廓，右击，在弹出的快捷菜单中选择"锁定对象"，如图 11-142 所示。

Step 3　选用工具箱中的"矩形工具" ▢ 绘制两个矩形，大小为 92 mm×56 mm，填充白色、无轮廓，右击，在弹出的快捷菜单中选择"锁定对象"，如图 11-143 所示。

图 11-142　绘制矩形(20)

图 11-143　绘制两个矩形(3)

淘宝服务卡设计

Step 4 选用工具箱中的"矩形工具"□绘制两个矩形,大小分别为 92 mm×21 mm 和 92 mm×5.5 mm,分别填充颜色,CMYK 值分别为(0,60,100,0)和(0,0,0,95),无轮廓,如图 11-144 所示。

Step 5 选用工具箱中的"矩形工具"□绘制矩形,填充白色,轮廓色为 CMYK(0,100, 100,30),如图 11-145 所示。

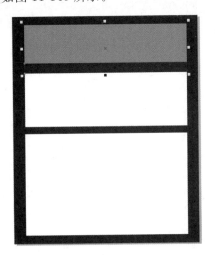

图 11-144　绘制两个矩形(4)　　　　　图 11-145　绘制矩形(21)

Step 6 选用工具箱中的"矩形工具"□绘制矩形,填充线性渐变为 CMYK(0,0,20,0)→ (0,0,60,0),轮廓色为 CMYK(0,0,60,0),如图 11-146 所示。

Step 7 执行菜单栏中的"文件"→"导入"命令,导入一张位图"手型.psd",如图 11-147 所示。

图 11-146　绘制矩形(22)　　　　　图 11-147　导入位图(13)

Step 8 选用工具箱中的"文本工具"**字**,设置不同的字体大小和样式输入如图 11-148 所示的文字。

Step 9 执行菜单栏中的"文件"→"导入"命令,导入相关图形,如图 11-149 所示。

图 11-148　添加文字信息(2)

图 11-149　导入相关图形

Step 10　同理继续完成下面卡片背面矩形的绘制、文字的输入和相关图形的导入，最后得如图 11-141(a)所示最终效果。

2. VIP 会员卡

Step 1　执行菜单栏中的"文件"→"新建"命令(或按 Ctrl+N 快捷键)，新建一个 A4 页面，并单击属性栏中的"纵向"□按钮，设置页面大小为 210 mm×297 mm。

微课

VIP 会员卡

Step 2　选择工具箱中的"矩形工具"□绘制矩形，大小为 90 mm×55 mm，圆角为 2 mm。

Step 3　按 F11 键，打开"编辑填充"对话框，单击"均匀填充"按钮■，填充颜色，CMYK 值为(0,100,100,35)，无轮廓，如图 11-150 所示。

Step 4　执行菜单栏中的"文件"→"导入"命令，将"麒麟投资 LOGO.cdr"导入如图 11-151 所示位置。

图 11-150　绘制矩形并填充颜色(2)

图 11-151　导入 LOGO(3)

Step 5　选用工具箱中的"文本工具"字添加相关文字，将"会员卡、Member Card"字样通过按下 Ctrl+Q 快捷键转换为曲线，填充线性渐变为 CMYK(0,20,60,20)→(0,0,20,0)→(0,20,60,20)，如图 11-152 所示。

Step 6　执行菜单栏中的"文件"→"导入"命令，将相关图形导入合适位置。得到如图 11-153 所示会员卡正面效果。

图 11-152　添加相关文字并填充渐变色

图 11-153　会员卡正面效果

Step 7　继续选用工具箱中的"矩形工具"□绘制圆角矩形,选用工具箱中的"文本工具"字添加相关文字,执行菜单栏中的"文件"→"导入"命令,导入相关图形得到会员卡背面的效果图,如图 11-154 所示。

图 11-154　会员卡背面效果

Step 8　继续用同样的方法制作贵宾卡、白金卡和至尊卡,得到四种卡片正反面效果如图 11-141(b)所示。

经验指导

　　小小卡片,看似简单,但是它要经过多道工序才能到客户手中。下面来了解常见的卡片——名片的制作过程,它要经过八道工序才能完成。

1. 确定印刷方式

　　如果要印刷名片,首先必须确定印刷方式,因为不同的印刷方式将决定使用不同的名片载体,同时也影响着名片的印刷价格。

　　(1)电脑数码名片:名片印刷运用电脑和彩色激光打印机即可完成,名片用纸采用 292 mm×197 mm 纸张,每张纸可做十张名片。优点:印刷速度极快,排版印刷一气呵成,且制作的名片质量好,一盒简单名片由接单、排版到交货可在 30 分钟内完成。电脑数码名片的高质量、高时效性使得其成为主流的名片制作方式。缺点:不能广泛应用,只能用于特定场合,进行内部交流;每张的制作成本相对较高。

　　(2)胶印名片:名片印刷运用电脑、黑白激光打印机、晒版机、名片胶印机配合才能完成,名片用纸采用 90 mm×55 mm 名片专用纸,每张纸只能印出一张名片。优点:可完全表达名片的所有创意,为目前传统的名片印刷形式。缺点:印刷速度较慢,交货周期较长,价格较高,且质量不是很好。

　　(3)特种名片:名片印刷运用电脑、激光打印机、晒版机、小型丝印机配合才能完成,名片采用除纸张外的其他介质,介质尺寸通用 90 mm×55 mm,每张只能印出一张名片。优点:一般介质较名片纸厚与硬,适合用于高档、个性化名片,档次因介质使用不同而各异。缺点:丝网印刷复杂,名片介质非常备品,名片制作周期长,价格昂贵。

2. 印刷难度选择

　　选择好名片印刷的方式,还必须对名片的印刷次数进行选择,也就是名片所要印刷的颜色。名片颜色多少,也是确定名片价格的重要指标之一。同时,还得对名片印刷是印单面或是双面进行选择,印刷面增加也是印刷次数的增加,也意味着价格的增加。

　　(1)颜色选择:名片颜色可分为单色、双色、彩色和真彩色,代表不同的印刷次数。因为三原色可构成彩色,纯彩色图案不带黑色,没有黑色,彩色图片颜色不饱满,我们常说的彩色图案由四种颜色构成,也称真彩色。有的胶印名片虽不带图片,但也由三种颜色构成,同样也是彩色名片。在电脑数码名片中,已经没有这样选择的必要。

（2）单、双面选择:名片印刷单双面选择也是印刷次数的选择,名片印刷表面多少,直接关系到价格的多少。

3. 名片内容

要印刷名片时还得确定名片上所要印刷的内容。名片的主体是名片上所提供的信息,名片信息主要是由文字、图片(图案)、单位标志所构成的,数码信息也是其中的一种,但不能构成名片的主流。

4. 名片设计

客户要印刷名片,得根据个人爱好,找出喜爱的名片模版。如果对模版不满意,还可自己设计;如果不愿过多操劳,也可由设计单位代为设计,不过还是得提供大致要求,并承担设计的费用。

5. 名片排版校对

使用专业名片排版软件进行名片排版,如果客户采用电子邮件校对,排好版的名片将暂时不打印,直到校对没有问题为止;如果客户指明要以传真校对,可打印草稿进行校对。

6. 名片印刷

名片印刷目前最主要有三种方式,最简单为激光打印,其次为胶印,丝网印刷则最为复杂。目前激光打印和胶印使用广泛,丝网印刷则的使用较少。

7. 后期加工

胶印名片和特种名片印刷完成后只需装盒就可交货了,至多要求增加烫金操作。名片后期加工主要指电脑名片纸,因其大幅面和低厚度纸张不能立即使用,还得进行过塑、模切、烫金、装盒等后期加工。

8. 交货

名片做好后,还要交到客户的手中,才算完成了整个名片制作任务。目前名片的主要交货方式为客户自取和送货两种。

项目 11-8 海报设计

海报又称招贴画,是贴在街巷的墙上或挂在店面橱窗里的大幅艺术设计作品。海报是信息传递方式很直接的一种宣传工具,所以,无论是商店店内海报设计、招商海报设计还是展览海报设计等,都必须有非常大的视觉冲击力和艺术感染力。海报设计的基本元素不拘一格,色彩、图形、文字等既可以单独使用,又可以组合使用。成功的海报画面应有较强的视觉中心,形式新颖、单纯,画面必须具有独特的艺术设计风格和鲜明的设计特点,主题明确显眼,使看到海报的人在最短的时间内就能明白海报所要传达的信息。

海报按其应用不同大致可以分为商业海报、文化海报、电影海报和公益海报等。

项目任务

利用 CorelDRAW X8 的图像绘制功能进行商场海报和音乐社招新海报设计,效果如

图 11-155 所示。

(a)商场海报　　　　　　　　　　(b)音乐社招新海报

图 11-155　海报设计效果

设计构思

1. 商场海报设计

本实训是完成商场海报的设计,是张贴在商场外墙的长条状的海报,突出在 7 月份开展特卖会,搞促销,并且有上千好礼等奉送,让人一目了然。

2. 音乐社招新海报设计

本实训是完成音乐社招新海报的设计,设计时在海报上放置一些与音乐有关的图片:光盘、音箱、耳机、跳舞的人群等,让人们马上知道这份海报是与音乐有关的。

完成过程

1. 商场海报设计

Step 1　执行菜单栏中的"文件"→"新建"命令(或按 Ctrl+N 快捷键),新建一个 A4 页面,并单击属性栏中的"纵向"□按钮,设置页面大小为 190 mm×665 mm。

Step 2　双击工具箱中的"矩形工具"□,创建一个与页面同样大小的矩形,填充线性渐变,从左至右的 CMYK 值分别为(100,100,100,100)、(100,100,100,100)、(0,100,0,80)、(0,70,100,0)、(0,20,100,0)、(0,0,100,0),无轮廓。右击,在弹出的快捷菜单中选择"锁定对象",效果如图 11-156 所示。

Step 3　执行菜单栏中的"文件"→"导入"命令,将"云彩.cdr"导入页面下方,执行菜单栏中的"效果"→"图框精确剪裁"→"置于图文框内部"命令将位图放置在矩形中,如图 11-157 所示。

图 11-156　绘制矩形(23)　　　图 11-157　将图形置于图文框内部　　　商场海报设计

Step 4　选用工具箱中的"矩形工具"□绘制矩形,大小为 10 mm×35 mm,填充颜色,CMYK 值为(0,70,100,0),无轮廓。

Step 5　执行菜单栏中的"对象"→"变换"→"位置"命令,打开"变换"泊坞窗,如图 11-158 所示设置参数,得到如图 11-159 所示效果。

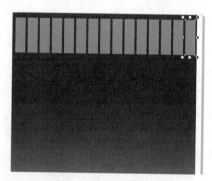

图 11-158　"变换"泊坞窗　　　　　　　图 11-159　移动复制

Step 6　单击复制后的各个矩形,随意改变填充颜色得到如图 11-160 所示效果。

Step 7　选用工具箱中的"文本工具"字,输入文字信息,如图 11-161 所示。

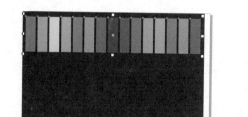

图 11-160　改变颜色　　　　　　图 11-161　输入文字(7)

Step 8　选用工具箱中的"文本工具"**字**，输入数字"7"，按 Ctrl＋Q 快捷键转换为曲线。

Step 9　执行菜单栏中的"文件"→"导入"命令，将"云彩.cdr"导入页面下方，执行菜单栏中的"效果"→"图框精确剪裁"→"置于图文框内部"命令将位图放置在数字"7"中，为数字 7 添加白色轮廓，如图 11-162 所示。

Step 10　选用工具箱中的"星形工具"☆，绘制星形，设置参数边数为 4，锐度为 90°，填充白色，无轮廓。

Step 11　执行菜单栏中的"位图"→"转换为位图"命令，将四角星形转换为位图。

Step 12　执行菜单栏中的"位图"→"模糊"→"高斯模糊"（3 像素）命令。

Step 13　按下快捷键 Ctrl＋C、Ctrl＋V 原地复制，并旋转、缩小。

Step 14　选用工具箱中的"椭圆形工具"○，在星形中心绘制圆形，填充白色，无轮廓，转换为位图，添加模糊效果，得到如图 11-163 所示效果。

图 11-162　将图形置于数字"7"内部并添加轮廓

图 11-163　制作四角星形

Step 15　选用工具箱中的"文本工具"**字**，继续添加文字得到最终效果如图 11-155（a）所示。

2.音乐社招新海报设计

Step 1　执行菜单栏中的"文件"→"新建"命令（或按 Ctrl＋N 快捷键），新建一个 A4 页面，并单击属性栏中的"纵向"□按钮，设置页面大小为 605 mm×850 mm。

Step 2　双击工具箱中的"矩形工具"□，创建一个与页面同样大小的矩形，填充椭圆形渐变，从左至右的 CMYK 值分别为（22，100，0，65）、（12，100，0，33）、（2，100，0，0）、（2，100，0，0），无轮廓。右击，在弹出的快捷菜单中选择"锁定对象"，如图 11-164 所示。

Step 3　选用工具箱中的"矩形工具"□绘制矩形，无填充色，黑色轮廓。

Step 4　执行菜单栏中的"对象"→"变换"→"位置"命令，打开"变换"泊坞窗，移动复制产生多个矩形，群组后再移动复制得到如图 11-165 所示效果。

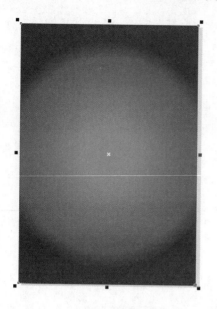

音乐社招新海报设计

图 11-164　绘制矩形并填充渐变

图 11-165　移动复制矩形(12)

Step 5　执行菜单栏中的"文件"→"导入"命令,将"耳机.cdr"、"光盘.cdr"、"花纹.cdr"、"人.cdr"、"音乐图形.cdr""音箱.cdr"和"云彩.cdr"分别导入页面。如图 11-166 所示。

图 11-166　导入位图(4)

Step 6　选用工具箱中的"文本工具"字,设置不同的字体大小和样式,输入如图 11-155(b) 所示的文字,得到最终效果图。

经验指导

1. 常见海报的设计原则

(1)店内海报设计:店内海报通常应用于营业店面内,做店内装饰和宣传用。店内海报的设计需要考虑到店内的整体风格、色调及营业的内容,力求与环境相融。

(2)招商海报设计:招商海报通常以商业宣传为目的,采用引人注目的视觉效果达到宣传某种商品或服务的目的。招商海报的设计应明确其商业主题,同时在文案的应用上要注意突出重点,不宜太花哨。

（3）展览海报设计：展览海报主要用于展览会的宣传，常分布于街道、影剧院、展览会、商业闹区、车站、码头、公园等公共场所。它具有传播信息的作用，涉及内容广泛、艺术表现力丰富、远视效果强。

2.海报设计策略

（1）主题要鲜明：每张海报总是具有特定的内容与主题，因此图形语言也要结合这一主题，绝不能无的放矢地随意表达，而应该是在理性分析的基础上选择恰当的切入点，以独特的视觉元素富有创意地将思想表现出来。

（2）视觉冲击力强：海报一般设置于户外，其广告效果的好坏与作品本身能不能吸引观者的眼球密切相关，一幅视觉冲击力强的作品会使人们情不自禁地停住脚步，有耐心地去关注作品所表现的内容，从而留下深刻的印象，回味无穷。图形设计时增强画面的视觉冲击力的方法是多方面的，从内容上看，有美丽、欢乐、甜美、讽刺、幽默、悲伤、残缺甚至恐惧等；从形式上看，有矛盾空间、反转、错视、正负形、异形、同构图形、联想、影子等。

（3）让图形说话：海报中图形语言追求的是以最简洁有效的元素来表现富有深刻内涵的主题，好的海报作品无须文字注解，人们只需在看过图形后便能迅速理解作者的意图。

（4）富有文化内涵：一幅优秀的海报作品除了能成功地传达主题内容外，还要具备一定的文化内涵，只有这样才能与观者之间产生情感与心灵上的交流，从而达到更高的境界。中国是一个东方文明古国，积淀了非常丰厚的民族文化精神，传统的文化艺术显示出无限的审美内涵；传统绘画艺术（如传统工笔画、水墨画等）处处闪现着神韵和空灵的艺术精神；民间美术作品（如剪纸、年画、染织等）所反映的民俗民风以及独特的艺术魅力，无不蕴涵着民族文化的情结，成为现代设计取之不尽的文化资源。

（5）开放个性：没有个性就没有艺术，从古至今，无数艺术家都在不懈地追求艺术的个性化表现，正是如此才使得他们在艺术造诣上有了巨大的发展，同时也使得艺术本身向多元化发展，更加繁荣昌盛。

参 考 文 献

［1］数字艺术教育研究室.中文版 CorelDRAW X8 基础培训教程［M］.北京：人民邮电出版社，2021.

［2］创锐设计.CorelDRAW X8 完全学习教程［M］.北京：机械工业出版社，2017.

［3］创锐设计.CorelDRAW X8 中文版从入门到精通［M］.北京：机械工业出版社，2017.

［4］曹天佑，沈桂军，卜彦波.CorelDRAW X8 平面设计与制作教程［M］.北京：清华大学出版社，2021.